高等院校"十三五"应用型艺术设计教育系列规划教材

# 园林景观快题设计方法与表现

主 编　张　玲　向　华　王　浩
副主编　牛　萍　张　弛　胡泽华
参 编　王雅婷　贺亚强

U0246932

合肥工业大学出版社

**图书在版编目（CIP）数据**

园林景观快题设计方法与表现/张玲，向华，王浩主编.—合肥：合肥工业大学出版社，2018.8
ISBN 978-7-5650-4165-5

Ⅰ.①园…　Ⅱ.①张…　②向…　③王…　Ⅲ.①园林设计–景观设计–研究　Ⅳ.①TU986.2

中国版本图书馆CIP数据核字（2018）第210102号

# 园 林 景 观 快 题 设 计 方 法 与 表 现

主　　编：张　玲　向　华　王　浩　　责任编辑：王　磊
书　　名：品牌形象设计
出　　版：合肥工业大学出版社
地　　址：合肥市屯溪路193号
邮　　编：230009
网　　址：www.hfutpress.com.cn
发　　行：全国新华书店
印　　刷：安徽联众印刷有限公司
开　　本：889mm×1194mm　1/16
印　　张：7.75
字　　数：260千字
版　　次：2018年8月第1版
印　　次：2018年8月第1次印刷
标准书号：ISBN 978-7-5650-4165-5
定　　价：48.00元
发行部电话：0551-62903188

# 前言

　　"园林景观快题设计方法与表现"是一门综合性学科，此课程作为景观设计、环艺设计、园林设计专业学生需要掌握的一项重要技能。本书编著的目的是通过系统的介绍园林景观快题设计方法与表现相关的理论学习和实际案例的训练，以理论联系实际、注重基础性、广泛性和前瞻性，根据社会岗位对设计人才的需要，通过实际案例练习的引入和分析，帮助学生建立起基本知识框架，在认识和建构的同时，锻炼学生的实际动手能力。

　　快题设计能反映出设计者的专业综合素质，包括设计水平、表现技巧、思维广度、应变能力和心理素质等。在社会实践中，"快题设计"常常被作为考核毕业生和设计师的重要手段。研究生入学考试，设计院考核新进毕业生，省职业技能抽查的重要考察模块，都要经过快题设计的测试。然而，当前世面上的教材很多案例都比较陈旧，还有一些多以偏重理论或偏重表现技法，缺少针对性对设计思维和过程进行介绍，同时又有很多最新设计案例的书籍。为了提高学生考研和就业的必备综合专业技能，作者根据教学与实践工作中积累的心得与体验，以逻辑顺序讲解了园林景观快题的综述、基础技法、基础知识解读、设计方法、图面表达、应试策略、案例评析，并展示了历年考研真题，期望给学生一个进阶与强化的方法。本书通过理论联系实际的方式，为学生学习和教师教学作了引导，从实用的角度给学生以学习切入点，由此实现与实际工作的良好对接。

　　本书由张玲、向华、王浩主编，牛萍、张弛、胡泽华为副主编，王雅婷、贺亚强参编，具体分工如下：长沙环境保护职业技术学院张玲老师负责编写第三、第四章、第五章、第六章内容的编写和图片的绘制及整理、全部稿件和图片的审核和整理以及全书内容的审核；长沙环境保护职业技术学院向华老师和王浩老师负责第二章内容的编写；长沙环境保护职业技术学院牛萍老师、武汉交通职业学院张弛老师负责第一章、第七章内容的编写以及前言和附录的整理；长沙环境保护职业技术学院王雅婷老师、胡泽华老师、湖南城市学院艺术学院本科学生贺亚强参与了部分图片的编辑和文字整理工作，在此对他们表示感谢。

　　本书在编著过程中参阅了大量的专业文献和设计书籍，再次向有关出版社、作者、编辑部表示真诚的谢意。

　　由于我们的学识与水平有限，书中难免有欠妥之处，恳请有关专家和广大读者批评指正。

编　者

2018 年 5 月

目录
contents

5

6

7

8

# 1

## 第1章 园林景观快题设计综述

### 1.1 快题设计的概念

快题设计是设计者对设计构思与方案的最初的原型构思和形态化表现，通常以徒手快速表现为载体，设计者运用创造性思维，通过形态结构与图面表达的形式，来展示一个设计想法和抽象见解的原创性、灵感性、活跃性和设想性，从而形成设计的雏形。

园林景观快题设计要求在规定的时间段内（一般根据项目大小和难易程度来确定），针对设计任务书给定的设计相关条件（场地基本情况）和设计要求（设计风格和主题、完成图纸的内容及深度要求等）迅速形成方案创意和构思，并通过手绘的方式将设计理念按照设计验收标准进行图纸表现，最终达到提升和检验设计者的方案的设计能力的目的。

园林景观快题设计这种在较短的时间内拿出高效的优秀设计方案，是一种突破常规的特殊的工作方式，通常运用在如下两种情况：

（1）在园林景观设计师接到时间节点相对紧张的工作任务时，设计师在短时间内了解了设计的任务要求后，用简易的方式将设计构思进行快速表现，然后用来讨论和前期方案的推敲，经过修改后最终形成简练的方案构思和表现力较强的设计成果，简明而直观的构思图解和快速表现成果，是设计者和甲方或者其他合作伙伴之间进行沟通的有效手段。

（2）在更多的情况下，园林景观快题设计是研究生专业入学考试、设计院与设计公司设计师及助理岗位的专业能力测试、职业院校技能考核的一种必要手段，比如湖南省职业技能抽查中环境艺术设计专业和园林工程专业考核的第一大模块为手绘快题设计，因此手绘设计表现能力的强弱已经成为衡量一名设计师水平高低的重要依据。

### 1.2 快题设计的发展历程

快题设计最早出现在建筑领域，早在文艺复兴时期，建筑师主要通过快题手绘的方式来对建筑进行描绘和设计（图1.1），过去的设计和绘画是融为一体的，建筑师必须要具备扎实的绘画功底，还需有良好的设计素养，经过长期的绘画训练和实践练习，从生活中提炼而出，再经过艺术加工，将设计思想重新展示在生活里。当时的设计风格以写实派为主，力求通过精准的表达，体现出建筑的每一个细节。

20世纪80年代以来，我国的室内设计和景观设计行业得到大力发展，但因为处于初级阶段主要以传统写实的水粉、水彩为主，随着现代建筑和

图1.1 达芬奇的建筑草图

设计行业的不断发展和优化，人才的专业化和社会分工的细化，形成了精细分工、各自发挥所长的专业化模式，此时的快题设计和效果图表现模式与初级阶段相比，在意义、作用和价值上都有了更大的发展空间和更灵活的表现手法。（图 1.2）

对现代手绘快题设计的理解和认识，我们应该与当前设计领域相对应，根据要表现内容的特点，运用多种方式和技巧，在加强基础训练的同时，不断积累经验，在画法上结合传统画法的坚实基础和准确的结构，求同存异，并不断变化发展。

图 1.2 国外手绘效果图

## 1.3 快题设计的特点

园林景观快题设计的特征有：时间紧、任务大、强度高、独立完成、工具需要自备；其中最显著的特征是：时间紧、任务大、强度高。

（1）时间紧

园林景观快题设计作为选拔设计人才的重要手段，在短短的 3~6 个小时内（有一些设计院和设计公司可能延长到 8 个小时），被考核者在有限的工具和条件下，能快速地检对现状条件进行分析，归纳出要解决的问题和设计思路，并将设计创意和思维过程完整地表达出来，体现的是被考核者是否能快速地将所学的专业素质和技能在一张纸上进行表现，其中需要将时间进行压缩和分阶段完成任务，相对来说时间是非常紧张的。

（2）任务大

一般园林景观快题设计提交的成果包括分析图（一般包括景观结构、交通分析、视线分析等）、总平面图、能反映场地特征的主要景观节点和轴线的立面图或者剖面图（1~2 个）、鸟瞰图、能反映主要景观特征的局部节点透视图、植物配置图、设计说明、经济技术指标、重要景观建筑和构架的平面、立面、剖面及效果图，具体的要求根据不同的内容和时间来进行选择，其中总平面图、鸟瞰图或者能反映主要景观特征的局部节点透视图、设计说明、经济技术指标这几项是必须完成的内容，任务量比较大。

(3) 强度高

从以上的分析我们不难看出，园林景观快题设计的成果是对应试者的专业知识、手绘能力、体力、耐力和心理素质的全面考察，是各种综合能力的有效运用，对于一个没有经过长时间的训练和针对性练习的刚毕业的学生或即将毕业的考生来说，存在一定的难度，所以需要进行有方法的循序渐进的练习。

(4) 独立完成

快题设计与平时上课和课后的练习及作业有很大区别，考试时不准携带任何相关资料，也不准和他人考试成员进行交流。设计考试的题目也是随机的不能照搬照用，没有固定的答案和格式，必须要针对具体的项目类型和地块的不同环境因素来进行设计，考生想获得理想的成绩，必须要靠平时的知识积累和能力的现场发挥。

(5) 工具自备

大多数快题考试中一般都要求考生自己准备绘图工具，只统一提供答题纸，考试中由于空间和时间的限制，考生必须携带最熟悉和擅长的绘图工具，以免因为情绪紧张发挥失常。

## 1.4 快题设计的意义

随着大学生扩招的队伍日益强大，园林景观市场的就业和竞争变得日益激烈，园林景观专业毕业的学生在进行学历提升和找工作应聘过程中，具备快速表现的能力对对他们来说显得尤为重要，它体现了在短暂的时间内完成前期工作调研、现状条件分析、方案创意构思和图纸制作的综合素养，在高科技和电脑软件高速发展的今天，电脑普及和后期处理的强大仍然没有改变手绘快题的重要地位，反而因为其独特的艺术价值而更加显得珍贵，因此具有深入研究的必要性。

快题设计的重要意义体现在以下几个方面：

(1) 快题设计是设计师完成设计工作任务的常见方式

设计师作为服务性行业的一员，不仅要有自由的想象力、发散的创造力以及精益求精的工作态度，而且要尽最大的可能协调设计和业主所提出的要求之间的平衡关系，从这个角度来看，设计师可以发挥的空间在一定程度上也受到了诸多限制，如何在苛刻的时间条件下，在诸多的任务要求中，设计师通过自身的职业素养和有效工作时间而不是全部工作时间，完成相对优秀的方案是设计是否取得成功的关键，而设计师的这种快速的设计并不代表急于交差，应付式的草率肤浅，而是一种高效的工作方式，因此常常作为设计师完成设计工作任务，尤其是前期方案创意阶段的常见方式。

(2) 快题设计是设计师与同行以及甲方进行交流的有效手段

设计师对于方案的设想和构思一旦在图纸上初现端倪，并通过方案的深入过程而逐渐清晰起来，我们就可以对其进行充分理解和审视，并加以评价，或者通过几个想法和草案的比较和调整最终形成具体而明确的阶段性成果，有了这个成果以后，就有助于设计

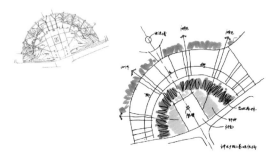

图 1.3 设计师进行交流的手绘图 (作者：张玲)

师进行自我审视，同时和他人的交流变得畅通，通过与同行和甲方之间的交流与碰撞来获得改进意见，进而较快地做出修改方案，作为回应，快题设计这种多层面的多次地碰撞与交流，有利于活跃设计师的思维，有利于推进方案的过程，更有利于各方各面的人充分地理解设计，无疑大大提高了工作效率，因此是设计师与同行以及甲方进行交流的有效手段。(图 1.3)

(3) 快题设计是设计师业务能力不断提升的重要阶梯

对于设计师而言，快题设计是必须掌握的基本工作方法，在进行快题设计时，为了保证思维的连续性，设计师会尽可能在前期将所需的资料进行查阅，并在脑子里形成一定的想法，或者通过推理常识来获得大致的结果，设计师会尽量避免因为停下来查阅资料而将思路停顿。因此，设计师平时的积累和思维练

图 1.4 鲜明特色的方案表现

习过程变的非常重要，而这种积累大部分都是靠快速记录与提炼的手绘的方式来获取。

与此同时，快题设计中为了追求主要创意和重点内容，往往要快速地解决主要矛盾问题，而不可能面面俱到，设计师在快题设计过程中必定要经历取舍的问题，因此也逐渐养成了当机立断、统筹全局的工作方式，从而形成鲜明特色的方案风格 (图1.4)，而这些方面的提升将使得设计师的业务能力也不断得到提升。

（4）快题设计是考核设计师水平的有效方法

快题设计通过考核设计师的基本功是否扎实，方案设计能力是否高效，来相对真实地体现出设计师的水平差别。快题考试因为时间短，又便于安排场地，需要的设备和设施简单，最重要的是可以在短时间内检验出设计师的应急反应能力，因此成为了考核设计师水平的有效方法，得到普遍推广。建筑学是最早开展快题设计考试的学科，在研究生入学、就业招聘和注册建筑师的考试中都离不开它，后来城市规划、风景园林专业也将快题设计考试作为考核设计师水平的重要手段。

（5）快题设计是训练学生设计能力的手段

快题设计能够体现出学生的思维和创造能力，它是通过图形的方法，来展示合理平衡各种要素条件、创造性地解决各项矛盾的一个过程，因为学生在正式开展设计任务以前，首先要处理和分析各种错综复杂的信息，比如：如何综合评价与利用场地内外的环境条件？哪些条件是对设计的制约因素？如何利用等问题，经过这些前期思考，才能有效地指导学生进行巧妙地构思、立意的创新，进而把那些制约因素成功地转化为灵感创作，最后通过设计语言将设想用图面表现出来，在这个过程中，学生在各个阶段都要具备良好的思维创造能力，而这种能力的培养与训练，需要通过经验的积累，在长期的设计实践中才能培养。

快题设计能力反映出学生的计划和应变能力，学生要在规定的时间段内，完成较多的设计及相关工作，例如快速读懂设计任务书，对设计要求进行快速分析，对主次矛盾进行合理评价，设计思路的打开和延展，初步方案的推敲、图纸的制作和排版展示等工作，没有一定的计划能力是很难胜任的。而且当学生面对设计任务书中提出的诸多要求时，设计条件一般很难立刻得到满足，必须抓住主要矛盾，忽略甚至放弃次要矛盾，这需要学生养成良好的专业素养，能在设计任务前能够合理规划好时间，顺利完成工作任务。

（6）快题设计是对常规设计教学的有力补充

现在的高等教育中对于学生设计能力的培养都是从手绘作为切入点来开展的，因为它与电脑制图和后期模型等方法所需要的电脑配置和素材等复杂的内容相比，开展练习的基础条件最为简单，只要有一张纸、一支笔就能完成，并且可以在移动到任何位置和条件下都能开展，当你脑子里的一个想法突然闪现，那个抓住灵感的时间断往往是极短的，只有快题设计才能在那个很短的时间内去完成这个将灵感突现转化成明晰的方案的过程。

## 1.5 快题设计的形式分类

徒手表达和设计比起电脑绘图因为绘图工具简单也便于携带，熟练的设计师可以在非常短的时间内完成多张草图或者方案的绘制，使得设计思维的表现更为快捷，尤为重要的是通过这种徒手表达的方式能充分调动人的手、脑、眼的相互协调和互相激发，因此是方案设计中最理想的方式。同时由于人们受到信息接收能力的限制，需要通过一定的表现手法来体现和提升设计者的意图，所以设计的表现在设计本身的信息的明确传递和主题思想的意图表达上是非常重要的。

徒手方案草图中灵活多变的线条和艺术特点的表达能通过延伸想象来拓展思维，从而激发再创造和再

图1.5 马克笔表现

图1.6 彩铅表现

图1.7 钢笔表现

图1.8 水彩表现（来源：秋林景观表现）

图1.9 电脑手绘效果图

判断的活力，在快题考试中，设计者们除了构思草图还要将最终成果清晰明确地在图纸上表达出来，通过精致的版式设计将设计内容用独特的形式来创造生动的视觉效果，从而直观准确地传达设计信息，体现好的创意，因此有得心应手的绘图工具是非常重要的。

快题设计中的表现形式从最初的水彩、水粉时代发展到现在，已经出现了丰富多彩的表现形式，每种不同的表现形式都具备各自的特点和优势，对于园林景观设计专业的快题设计，其形式主要分为以下几类：马克笔手绘表现、彩色铅笔手绘表现、钢笔手绘表现、水彩手绘表现。各种工具可以搭配使用，画面效果会更好。

（1）马克笔手绘表现（图1.5）

马克笔在环境艺术快题手绘表现中最为常见，马克笔因为自身着色便捷、色彩通透、方便携带、快干等特性和优势，这些年作为快题设计的主要表现工具，是初学者必备的绘图工具，马克笔主要用于表现设计示意图的辅助表现，它能快速记录设计师的瞬间思维，在画面需要深入刻画的时候也可以由它来完成，通过马克笔的表现，既能体现出快题设计的轻松、淡雅的风格，又可以表现出浓重、艳丽的风格。

（2）彩铅手绘表现（图1.6）

彩铅就是彩色铅笔，是马克笔最好的辅助工具之一，对于那些不能熟练把握马克笔的初学者也可以单独使用，可以根据使用力度和深入程度来体现色彩的丰富性和细节的丰富效果，因为它使用便捷，用法简单，容易掌握，所以表现出来的画面风格多为轻松闲适为主。

（3）钢笔手绘表现（图1.7）

钢笔画是一个独立的画种，它具有独特的美感，不仅能够对肖像、景物、风景等题材进行诠释，也能作为环境艺术设计效果图表现的重要手法，其特点是线条刚劲流畅、黑白对比强烈、画面效果疏密有致，概括能力强，但不易进行修改，因此要画出比较完美的作品，绘图者必须具备扎实的速写功底。

（4）水彩手绘表现（图1.8）

水彩按照特性一般分为透明水彩和不透明水彩两种，水彩画由于其通透、淡雅的特性，色彩鲜艳度虽然不如马克笔强烈，但是它的色调古典高雅，因为它有一种色彩和水相溶的特殊效果，使它具有很强的表现力。

不透明的水彩又叫水粉，也叫广告色，它的特征是覆盖力强，画面表现效果厚重强烈。

（5）电脑手绘表现（图1.9）

在当下计算机和软件发达的时代，计算机绘图的运用叶越来越广泛，有些软件已经可以模拟真实手绘的效果，同时由于其便捷性、易于修改和可复制性等优势让其成为了一种流行的趋势，但是计算机手绘表现毕竟不能达到真实手绘的生动逼真，所以设计师可以根据自己的需要进行选择。

## 1.6 快题设计的成果要求

### 1.6.1 快题设计的深度要求

根据对快题设计特点的认识，它对最终设计成果的要求也有异于课堂的课程设计和实践的工程项目。在不同类型的快题设计考试中，虽然题目的要求会有各自的具体规定，但在设计深度的要求上基本相同，应试者应当遵循以下原则：

（1）抓主要矛盾：因为受到时间的限制，快题设计考试做不到像实际工程设计那样通过深入平衡设计中的各种因素，达到满足合理的功能布局、先进的技术条件、适用的经济效应的目标，在考试过程中，通常只要求设计者能抓住解决影响总体方案的重要方面（功能分区、交通流线组织、造型设计、环境布置等），而不要花过多心思在处理方案的细节方面。

（2）表达完整的设计构思：在有限的时间内完成快题设计，就意味着设计成果很难达到正式方案及施工图的深度，虽然深度可以根据需要适当地减弱，表现手法可以求新立异，但是各项内容必须齐备，并不能减少图纸必需的内容。

（3）成果图纸具备继续深入研究的可能性：参加快题设计考试的方案成果虽然不一定能具体实施，但是应试者不能为了追求过分夸张的视觉效果而放弃合理的功能布局和结构形式，所以最终完成的图纸里面的总图，平面图、立面图、剖面图应当建立起完整的设计的整体，并具备继续深入研究的可能性，从而为下一阶段的深入发展提供切实可行的设计指导。

现代园林景观规划设计包括两个方面的内容，即园林景观规划和园林景观设计，前者侧重于宏观方面的把握，后者侧重于微观形态的体现。园林景观快题设计的内容因为受到时间的限制，一般在内容和要求上会有所侧重，比如相对尺度比较大的景观规划方案，其快题设计的任务安排的内容就比较少，设计基本以城市及规划的设计要求为指导，以规划层面的图纸要求为主；相比之下，尺度属于中小层次的景观设计则更多地强调设计立意的新颖和形式的创新，设计具备相当的深度要求。

### 1.6.2 快题设计的图纸要求

根据快题设计的特点，它的成果内容应当能对接下来的深入设计具有一定的指导作用，因此图纸必须严格按照实际尺寸和相应的比例大小以及空间规格进行绘制，体现空间特色的透视效果图也要准确到位，对物体的表现要客观并接近真实，但必须具备相应的概括能力和艺术表现力。

从以上举例的两个不同层次的任务书提交的成果，我们不难看出，一般需要提交的图纸有：总平面图、平面图、整体鸟瞰图、透视效果图、分析图、设计说明等内容，其中任何考试都必须完成的是平面图、透视效果图、设计说明，一般提交要求在两张A2或者一张A1的图纸上将内容进行排版布局。

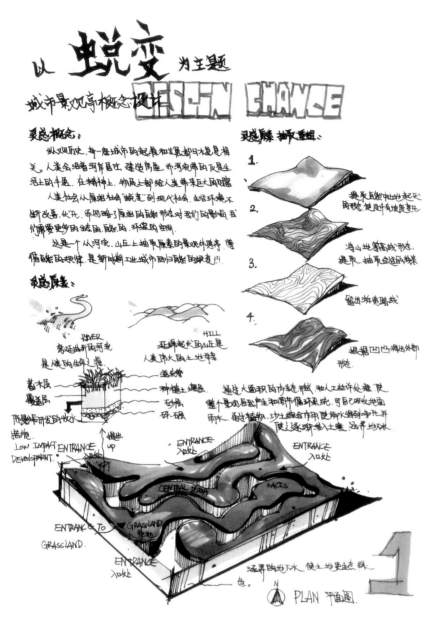

图 1.10 作者：张艳瑾

（1）总平面图：图纸比例根据场地大小和需求一般控制在 1 ：500 ～ 1 ：1000，表现形式根据自己的特色进行选择，图纸中应体现出场地内的竖向高差变化、建筑物的屋顶平面，植物空间要体现出乔木、灌木、地被和草地的组合和层次变化，植物类型和品种应当区分出常绿、落叶、开花和针叶树的区别，并附上必要的设计说明，文字控制在800字以内。

（2）整体鸟瞰图：图纸表现手法不限，比例尺一般为 1 ：500 ～ 1 ：1000，中心区范围以外的区域需要将道路和交通关系做基本的体现，周边建筑体量应该有一定的体现，可以用方盒子体现大的体块，不用精细到细节。

### 1.6.3 快题设计的技能需求

在快题设计中要求应试者具备绘画基础、分析构思、设计创意、图面表达四个方面的素质，图面最终将呈现出具有形式美感、传递正确信息、体现创意、表达构思等综合性较好的效果（图 1.10、图 1.11），所以我们应该从以下几个方面进行训练：

绘画技能——图面的美感化；

分析技能——图面的信息化；

设计技能——图面的创意化；

表达技能——图面的专门化。

## 1.7 快题设计的评分标准

园林景观快题设计是在绘画形式的基础之上的一种艺术表达方式现形式，设计者需要根据场地的空间形态特征进行合理的功能布局，同时也要注重色彩的搭配、光影和环境氛围的营造，最重要的是设计构思与创意的完美体现，在最终完成的图面内容里，既要能体现设计的过程，还要能体现出设计意图和预期达到的效果。以考试形式展开的园林景观快题设计在实施过程中由于限定因素较多，强度较大，要求设计者在紧张的状态下仍能思路清晰、快速果断并且具备较强的草图及手绘表达能力，才能形成较理想的方案成果。

快题设计的评分标准可以表现在以下几个方面：合理的功能布局，具有良好的景观空间形态和视觉效果，具备一定的内涵和造景意识，图面内容表达清晰美观且具有一定的逻辑关联，因此稳健的方案成果表现在以下几个方面：

①完整的设计成果。设计任务书中要求的图纸一定不能缺项，在完整的基础上再追求好的构思和创意表现。

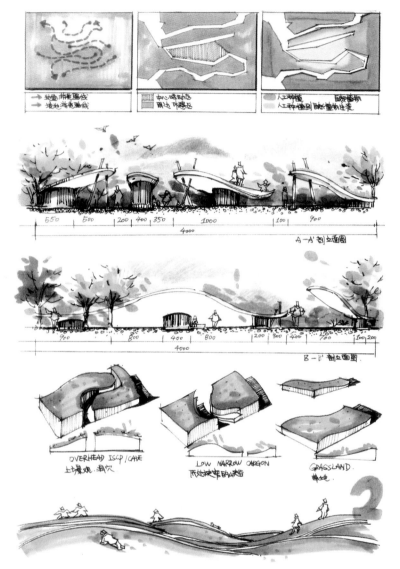

图1.11 作者：张艳瑾

②没有明显的错误。很多人在考试中因为过分追求图面的美观而很容易忽视一些问题，比如：指北针和比例尺错误、元素的空间尺度和比例明显错误等问题；在设计上更容易忽视一些强制性规范要求，比如消防车道的回环问题，车行出入口与城市干道交叉路口的距离问题，老年人活动场地的无障碍设施问题，人车分流的问题，对现有场地高差的忽略问题等。出现这些错误都会造成整个设计的失败。

③设计亮点突出。例如在图面表现上，总平面图和透视图在版面中的重要位置及准确美观，所选择透视效果图的场景尺度得当，环境氛围特色明显，在设计上，达到了动人的理念、合理的功能布局和得体的平面构图相辅相成的效果。

④整体效果好。设计成果要通过整个版面布局来进行展示，它直接影响到观看者的第一印象，如何通过文字和图面布局来凸显设计的特色，让作品脱颖而出，成为吸引人眼球的加分项。

## 2.1 园林景观手绘快题设计常用的绘图工具

图 2.1 手绘工具

快题设计通过借助一些工具来完成徒手表现，出色的设计表现不但能准确和完整地体现方案推敲的过程，甚至能够在考试中弥补方案的缺陷。优秀的快题设计作品不仅表现手法得当，画面线条流畅，甚至连图纸本身的版面设计也令人赏心悦目，同时绘图工具也具有自身的特性，在快题设计过程中。设计师只有选择了自己最熟悉和擅长的绘图工具来才能将设计和表现完美融合，使设计作品脱颖而出，因此我们要逐步认识各种常用的快题手绘工具。(图 2.1)

### 2.1.1 笔类

（1）铅笔

铅笔线条流畅，携带方便，易于修改且有多种硬度供选择，如果能熟练运用，能根据运笔的轻重在不同纸张上表现出浓淡深浅，形成不同的纹理，产生各种丰富的笔触和肌理效果，成为了很多有绘画基础功底的设计师和考生的首选工具。

（2）钢笔

钢笔不仅可以用在平时构思草图时的线稿推敲，因为其强烈清晰的黑白关系和能长期保存的线稿，也可以用作效果图和平面图表现的线稿绘制。钢笔出水流畅，使用也非常方便，不同的笔尖有明显的方向性，有一些艺术绘图钢笔能够通过笔尖粗细变化和转换，绘制出不同粗细和艺术感特别强的线条画面。

钢笔因为有一定的方向性，且墨水绘制后不能涂改，所以在下笔前要用铅笔打稿或者在脑子里提前构思好要形成的画面效果，在使用时要沿着笔尖的方向来形成比较顺畅的线条，同时用钢笔绘制正图时要注意力度和线宽的区别，注意不要弄脏图面。

（3）针管笔

针管笔主要运用于规尺作图中正图的绘制，普通针管笔因为需要更换墨水，且容易出现出水不畅和漏墨水等现象而容易造成画面的破坏，现在用一次性针管笔来取代以前的针管笔，因为它出水均匀且流畅，不会容易弄脏画面，还价格经济实惠，因此成为了常用的工具。

（4）彩色铅笔

彩色铅笔相对水彩颜料和马克笔来说没有气味，也不需要调水和颜色等复杂的操作，即使涂错了地方也很容易修改，而且色彩具有丰富的层次，它和铅笔一样都是通过反复涂抹使得笔芯上的颗粒在纸上形成纹理和色彩。对于初学者来说彩铅容易把握，不会出现难以控制的场面，如果运用得当还可以形成非常好的画面效果而广泛运用于上色，彩色铅笔有水溶性和非水溶性两种，分别有以下特性：

①水溶性彩铅

水溶性彩色铅笔比较软而且色彩丰富，为了让画面具有丰富的肌理效果，可以在适当的时候进行水彩化处理，从而形成自然的过渡和光感的体现，也可以和马克笔相结合，形成更加鲜明的效果。（图2.2）

②非水溶性彩铅

非水溶性彩色铅笔的蜡感强，所以着色力不强，而使得颜色比较暗淡，其硬度比较高，所以造成下笔比较吃力的状况，因此一般不推荐使用。

对于环境艺术专业的同学来说，水溶性彩铅的选择和使用要注意以下几个方面：

其一，从色彩的饱和度来说，要选择颜色饱和、含有大量粉质的上色容易的彩铅。

其二，从色彩的层次和丰富程度上来说，建议配置48色以上的彩铅，为了丰富画面的表现力，除了配置整套彩铅以外，还建议单独配置园林景观环境所需的各种层次的绿色和灰色系列的彩铅。

其三，在使用彩色铅笔上色时，不能急于一次性到位，而造成画面僵硬，失去空间的通透性。为了突出铅笔的柔和性与步调的控制感，应采取逐层渲染的方法，这正是彩铅容易操作的独有特性。

（5）马克笔

马克笔分油性和水性两种类型，它具有着色方便和表现速度快等优点，油性马克笔渗透力强且色彩鲜艳明亮；水性马克笔则色彩淡雅，能与其他技法一起结合运用。在园林景观快题设计中，油性马克笔越来越受到喜爱和推崇，油性马克笔又可分为纯方头马克笔和圆方头马克笔，区分它们通过笔触的力度和线型的差别，其中纯方头马克笔的笔触刚毅而富有力度感，圆方头马克笔则笔触趣味性和变化比较多，我们可以根据个人习惯和画面需求进行选择。

马克笔主要是通过粗细线条的排列和叠加来实现丰富变化的色彩。因此在工具的准备上应根据专业需求准备几套熟悉的色彩，如暖色系列、冷色系列、灰色系列等，并要适当分配色彩的比重，主要采用灰色铺调的手法，养成由浅入深的步骤习惯。

现在市面上常用的马克笔品牌有美国AD牌（图2.3）。它是目前马克笔里面效果最好的一款，揉色非常好，适合大面积使用。缺点：价格偏贵，有毒物质的气味非常严重，很浓重的汽油味，对人体伤害很大。美国的三福（图2.4）也是这种缺点。美国的酒精性的马克笔，三福霹雳马质量是很不错，颜色纯度高，价格偏贵，但是效果也是非常好评。而韩国touch马克笔（图2.5）

图2.2 水溶性彩铅效果

图2.3 美国AD马克笔

图2.4 美国三福马克笔

图2.5 touch 马克笔

图2.6 凡迪马克笔

是近两年的新秀，因为它有大小两头，水量饱满，颜色未干时叠加，颜色会自然融合衔接，有水彩的效果，而且价格便宜。国内品牌FANDI（凡迪）（图2.6），价格便宜，适合学生初学者拿来练手。

### 2.1.2 尺规类

虽然说设计师应该具有准确的目测和手画能力，但尺规工具还是要用于方案构思阶段关键尺寸的量取，这样观察和判断物体的尺度才会准确性比较高，在方案的形成阶段尺规工具往往用来进行准确的图面表达，

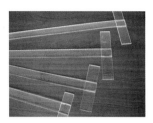

而对于一些艺术功底和形体把握能力较差的同学来说在整个画面的表现上，为了不出现明显偏差往往更多地依赖尺规工具来完成，常用的尺规工具有以下几种：

丁字尺（图2.7）：在绘图时常用来绘制与图板横边平行的水平线，如果用三角板做辅助还可以绘制出比较精确的垂线。在绘制时应该让三角板的短边紧紧靠着图板，在上墨线时要注意尽可能让笔尖紧靠上尺边，并微微往外倾斜，防止墨水渗到尺缝里，将画面弄脏，一般上墨线是按先上后下、先左后右的顺序来进行绘制。

图 2.7 丁字尺

三角板：主要用来绘制垂直线和规则角，如15度、30度、45度等，在绘图时一般将它紧靠在丁字尺上来形成一定的规则的角度，注意使用时尽量避免墨线弄污图面。

直尺：虽然绘制平行线平时多采用滑轮一字尺、丁字尺或滚筒尺，但对于快速设计和草图设计，要求在短时间内完成概念性的表达，所以可以用直尺通过均匀的平移来绘制水平线和垂线。

比例尺（图2.8）：分为三角形、直尺形两种形式。三角形断面的比例尺由 6 套刻度组成，每一刻度对应着一种比例；直尺形的则携带更方便。比例尺主要用于以下两个阶段：①在勾画草图阶段绘制，以确保绘制的元素有所参照，不会出现比例失衡；②在方案定稿阶段，为确保所有重要的功能元素（道路、建筑等）的尺度合理可行，而精确地画出。

曲线板（图2.9）：在园林景观设计手绘中我们经常会需要完成一些曲线，尤其是彩色平面图，而曲线是手绘中最难绘制的，需要很强的功底才能做到弧线饱满、线条均匀，所以对于大部分人尤其是初学者来说，要绘制美观的曲线就必须借助一些工具，如蛇尺和曲线板。蛇尺，就是可以任意弯曲的一种软尺，用

**直尺形**　　　　　**三角形**

图 2.8 比例尺　　　　　　　　　　　　　　　　图 2.9 曲线板

这种尺子可以绘制出比较柔和圆润的线条。但是因为蛇尺一般比较厚，无法完成那些转弯半径很小的弧线，所以需要用曲线板或者徒手绘制来完成。曲线板上有多种弧度的曲线，设计时可以利用曲线板上的多种分段曲线来进行拼合，但要注意连接处的平滑过渡，以免出现生硬的接头，与整个曲线不协调。

圆板：对于景观设计的初学者而言，大部分人的绘画功底不够扎实，不能较为准确地完成墨线的绘制，

因此在绘制规则形状时常借助尺规作图工具。圆规因为使用麻烦，只有画很大直径的圆时才使用，圆板则成了图版中常用的工具，它主要用来勾画平面图中的树冠轮廓，形成规则精准的画面，但很多时候我们为了追求画面的艺术性，会采用直尺、曲线板、圆板等画出淡淡的参考线或参考点，然后徒手上墨的方法，既能保证图面内容的准确性，又能显得洒脱、有灵性。

图 2.10 拷贝纸

### 2.1.3 图纸类

拷贝纸（又叫硫酸纸）：拷贝纸（图 2.10）质地较薄，且具有半透明的特性，在进行成果修改时，我们可以将新图纸蒙在前一次的成果上反复修改，从而节约了大量时间，因此主要用于方案构思和表现中。用油性马克笔在拷贝纸上上色时，要在下面垫一张吸水性能比较好的纸张，尽可能将色彩上在黑线稿的反面，避免色彩与黑线稿的渗渍，又能形成与正面上色不同的效果。

## 2.2 园林景观手绘快题设计的基础训练

园林景观快题中的绘画技能不仅吸收了工程制图的一些手法，对画面形象的准确和真实性要求比较高，同时也应当体现出设计师自身的理念，它是对现实事物的更集中典型的概括，是科学性与艺术性的有机统一。

### 2.2.1 线条的练习

（1）运笔要点。在练习线条时首先要端正画图的姿势和掌握方法：坐姿要端正，心态要放轻松和平稳，下笔前对要绘制的物体大小和图面布局要做到心中有数，下笔以后不拖泥带水，线条要匀称和有头有尾，画直线做到手腕保持不动均匀运线，尽可能以纸边做参考，画抖线的时候要注意持续均匀的手震，总之就是要有意识地多训练。

（2）线条的分类及练习方法。（图2.11）

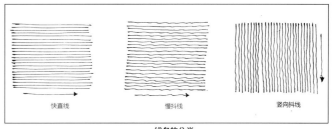

线条的分类

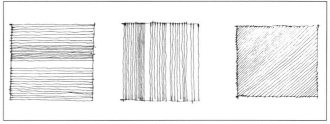

线条的训练

图 2.11 线条的分类及练习

### 2.2.2 对单个元素的认识和练习

园林景观快题设计的平面图、立面图和透视效果图中，画面都是由单个的元素组成的，根据园林景观的要素，主要分为植物、建筑与小品、硬质铺装、水景山石以及配景内容（如透视和立面中的天空、车子、人物等），在单体的训练中通过体会只用线条的组合和变化来表达物体的形体、肌理和光影的效果，并运用色彩的搭配使得单体的表现更加生动。

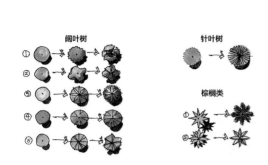

图 2.12 单株树

图 2.13 树阵和群树（作者：张玲）

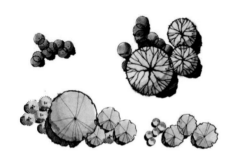

图 2.14 组群植物

图 2.15 群落植物（作者：张玲）

（1）景观植物

植物是园林景观设计中的重要构成要素，也是体现和烘托景观快题设计的重要表现对象，无论是在平面图、立面图还是透视图中都是不可或缺的部分。

①平面：植物的平面绘制一般包括植物树冠的外轮廓线、植物树心及投影三个部分。单体植物的绘制难度不大，主要是要注意根据不同植物品种选择合适的冠幅大小和线稿特性来进行植物图例的选择，以乔木为例：一般特型乔木为冠幅 5~8 米，如多头香樟、特型桂花等（特大型古树除外）；大型乔木冠幅 5~6 米，如普通香樟、桂花、朴树、女贞等；小乔木冠幅 3~5 米，如马褂木、杜英、杨梅等。线稿的类型分很多种，一般特型树和落叶的分枝多的树种采用线稿丰富的植物图例，而普通植物由于种植量较大，如香樟、杜英、广玉兰等多用简单的图例来保障整个画面的平衡。而作为形态特殊的成片种植的植物，如竹子、木绣球、迎春等则尽可能地以整体的外轮廓来体现出其成片的状态。

快题手绘平面植物的重点及难点在于各类植物的群组组合关系在不同比例和图面大小情况下的表现，尤其是在景观设计平面图中与其他景观元素之间以及与整体空间的群组关系，要注意画面的重点与非重点的刻画，根据画面需要来进行整体把控和细节刻画，从而凸显艺术效果。

· 单株树木（图 2.12）

· 树阵和群树（图 2.13）

· 组群树木（图 2.14）

· 群落植被（图 2.15）

②立面及透视图：手绘立面植物多用于景观设计剖立面图及透视图中。

●单棵乔木的表现手法：在进行单棵植物的训练时要注意树分为四个方向的分枝，才能体现其立体感，且画树的时候从树干画起，下面粗，越往上走越来越细，分枝越多，绘制时要注意分枝的习性，合理安排主次部分。

　　·树枝的画法（图 2.16）

　　·树叶的画法（图 2.17）

　　·树的整体画法过程（图 2.18）

　　注意：

　　一颗树先从树干画起，从整体上把握植物的形态，注意树冠顶端要和树干对齐，要合理安排主次布局，树干两边要左右均衡，但不能对称，以免出现死板的画面效果；

　　在树枝的绘制时，应要向前后左右四个方向伸展枝丫才会形成立体感，注意树的枝干随着往上分枝越来越多，枝干会越来越细；

　　树干的阴影要与树干的圆柱形相适应，阴影的大小和弧度要有变化，才能体现出立体感；

　　表现树叶时应该注意树叶的朝向，主要在于刻画树叶的整体外形和树叶的整体转折和形体关系；

　　树叶的亮面应该适当留白，暗部通过不同长势的叶片的堆叠形成，而灰面则是叶片形态最为明朗的组合叶片来形成亮部和暗部的过渡。

　　●特型植物的表现：主要是指棕榈类的树干和叶片比较特殊的植物类型。（图 2.19）

　　特型植物的绘制也要用轻松随意的线条简单交代树的外形，注意叶片的留白和树叶间的前后遮挡和穿插关系；树干不宜太直，注意自然和粗细变化，同时植物的刻画细致程度要根据在图面中的位置（前景、中景、后景）来进行选择。

　　●灌木的表现（图 2.20）：灌木的种类比较多，表现手法也各有不同，灌木多采用组合搭配的方式来进行叠加，一般在线稿阶段前面的灌木细节更多，越往后的位置越简单，主要以外形和边界的概括为主，还可以通过后期上色，用冷暖色和明度对比来区分层次。在灌木的搭配上要注意画面的疏密和黑白灰关系，也要注意高低的错落和变化，不能过于呆板，需要多加练习。

　　●草本植物的表现：

图 2.16 树枝的画法

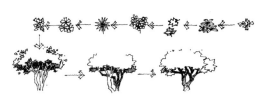

图 2.17 树叶的画法

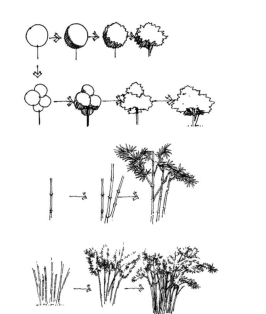

图 2.18 树的整体画法过程

图 2.19 特型植物的表现

图 2.20 灌木的表现 ( 作者：张玲 )

图 2.21 草本植物的表现

图 2.22 颜色和外形区分叶貌特征

图 2.23 植物的笔触和组合

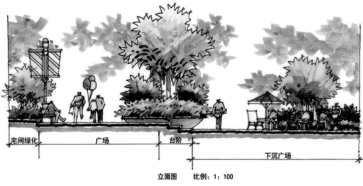

图 2.24 立面图

图 2.25 植物体现三维关系

图 2.26 植物的写实画法

草本植物与木本植物最直接的区别就是草本植物的茎是草质的，因而比较柔软，形体主要体现其整体态势和外轮廓。草本植物根据其生长规律，一般分为直立形（蜀葵、翠雀）、丛生型（鸢尾、葱兰）和攀援型（紫藤、葡萄）。

· 草本植物的示范（图 2.21）

③不同的植物表现方式：

●不同种类的树木有不同的概括表现方法，一些常绿树种、针叶树种的画法是先以线条高度概括其外形特征，再通过颜色来简单而概括地表现其叶貌特征。（图 2.22）

●当植物出现多种组合的时候，主要考虑他们之间的主次和前后关系，在选取植物作为景观要素配景时也要和环境氛围搭配，运用不同的线条和笔触来区分不同种类的植物。（图 2.23）

●景观的剖立面中往往通过植物的叠加和组合来体现植物的竖向空间层次，因此需要根据画面的重点和详略程度来进行植物的搭配。（图 2.24）

图 2.27 植物的写意画法

●在景观透视图中植物作为软化硬质景观、烘托气氛的重要手段，不仅在植物形态外观、比例尺度、表现手法上能起到生动画面的作用，还能通过近大远小、近实远虚的空间透视关系来体现复杂的组合关系，因此需要绘图者从三维立体的全方位角度加强技法的练习和灵活运用。（图 2.25）

④植物组合的表现风格：不同的画图者和不同风格的项目所体现出来的画面效果，需要在植物表现上与景观要素风格一致，

一般常用的风格有写实风格、写意风格、抽象风格，每种风格的技法不一，需要统一协调画面。

●写实表现：在植物绘制时根据植物的形态进行详细表现，要求有很强的绘画功底和充足的时间，且对植物的习性和形态非常熟悉，并能进行一定的概括。（图2.26）

●写意表现：在一些主题明确的景观空间植物表现时，为了突出空间意境，往往会采用突出意境而减弱植物形态的方式，此时的植物往往起到画龙点睛的作用，因此要求绘图者有非常强的概括能力。（图2.27）

图2.28 植物的抽象表现

●抽象表现：在较短的时间内，绘图者的艺术功底不够强的情况下，多采用体现整体植物艺术效果而高度概括和简化植物形体与个体形态特征的一种表现方法，在快题设计中得到广泛运用。（图2.28）

（2）景观建筑与石头

①景观建筑

●景观建筑在平面布局中往往成为主要的中心景观和主体空间的一部分，在平面绘制时首先要注意物体的形状和大小，顶部的细节和线条要根据物体的形态和明暗来进行绘制。（图2.29）

●景观建筑的立面和透视图表现应当具备相当准确的轮廓特征和形体比例，在绘制时要求对景观建筑的结构有一定的把握，且在绘制时要根据构图来选择需要体现的角度和透视关系，我们通常使用粗细不同的线条来表现建筑的整体形象，并通过线条的组织形成一定的光影效果，从而强化建筑的形象特征。

图2.30 景观建筑的立面的轮廓特征和形体比例

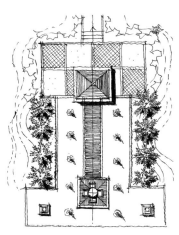

作者：张玲

图2.29 景观建筑的平面布局　　　图2.31 景观建筑的细节　　　图2.32 景观石头

图 2.33（1）石头假山与水
幕植物结合（作者：张玲）

图 2.33（2）石头假山与水幕
植物结合

图 2.34 水面的表现

图 2.35（1）天空的单独练习（作者：赵章）

图 2.35（2）天空和水面的表现

（图 2.30）

●景观建筑的细节表现时，我们往往为了丰富建筑的形态特征，在线条绘制时要对物体的肌理、材质进行适当的表现，如砖、玻璃、屋面瓦、木材、大理石、水磨石等。（图 2.31）

②景观石头

●景观石头是景观平面和效果图中常用的烘托画面的元素，在平面图中注意石头的大小比例以及组合关系，石头用相对明确硬朗的线条勾画出边界和重要转折点即可。景观石头在透视图中用笔要与植物区分出来，通过硬朗的笔触在绘制中的组合叠加，来体现石头的立体感和投影关系。(图 2.32)

●如果是相对多的石头堆叠成假山或者是作为主景进行观赏时，我们要注意其展示面的整体山形和山峰间的主次关系，同时为了避免呆板应设置一定的空洞和其他元素，如水景瀑布、植物相结合的方式，石头纹理的绘制也要根据整体的形态和堆叠方向来进行表现。（图 2.33）

（3）水面及天空

景观手绘效果图中，水面和天空常常作为配景出现，尤其是以大面积的水面为中心景观元素时，水体占据画面很大的比例，画得好能给画面增添很多生机和艺术效果（图 2.34），一旦失误，很难进行补救，因此我们在绘制大面积水体时，一般要进行适当留白，且利用人物配景和植物前景矮

图 2.36 配景的表现

弱化大面积水面。与植物的表现不同的是，水面和天空作为画面中最亮的色彩很少强调纹理和变化，以留白和色块的边界来表现，除了部分跌水和阴影区域，为了体现生动变化和层次感，会有一些周边环境色和元素的加入，绘制时切记用笔要自由，多用色彩和笔触进行体现水面的表现。（图2.35）

（4）景观配景

丰富的景观配景在画面中十分重要，常用的景观配景包括人物、动物、车辆、气球等装饰物，用来烘托画面的场景气氛和属性。这些配景多采用简洁的流线型来对物体的轮廓进行高度概括，达到丰富画面的效果。（图2.36）

①人物。人物在效果图透视表现中是必不可少的画面要素：他们不仅可以提供相应的画面空间尺的度衡量标准，而且能通过人物的特征和动作来体现场景氛围，有时候人群的出现还能体现出场景的进深和透视关系。在快题设计中，一般很少用近景的人物，而多采用中景和远景，在绘制画法上也有所不同（图2.37、图2.38）。（人物的近景表现注意尽量少绘制正面，因为难度过高；人物的中景表现主要以人物组合为主，注意分清楚头部、上身和下半身的比例关系；人物的远景表现以区分出人物大小和整体外轮廓表现为主，不需要过多细节）

②车辆：车辆主要运用于透视效果图中说明场地特征的一种手段，在绘制时注意其位置和比例关系，同时它对透视和尺度具有非常高的要求，对汽车的形体和结构都需要一定的认识和理解（图2.39），所以绘制者多喜欢采用远景来进行体现，以减少画面的难度。

图2.37 人物的各种表现　　　　　　　图2.38（1）人物的近景表现　　　　图2.38（2）人物的中景表现

（作者：张玲）

图2.38（3）人物的远景表现　　　　　　　图2.39 车辆的表现

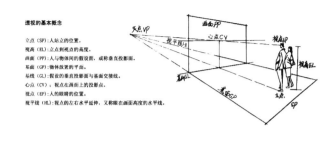

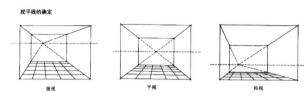

图 2.40 透视

## 2.2.3 透视原理的应用——构图

快题设计因为要在短时间内直观地表达出设计意图，一张完美的作品并非取决于炫酷的线条和变化多端的表现技巧，它是在平面图中对物体的大小尺寸和相互关系进行有序合理组织的基础上，通过空间的立面和三维形态在透视图中得到体现。

· 透视的基本原理（图 2.40）

透视图按照视点高低可以分为人视图和鸟瞰图，按照画面中主景与画面的关系我们将透视分为：一点透视、两点透视、三点透视。其中前两种在透视图中运用得比较广泛，我们可以根据画面不同的需求来选择合适的透视方式，当画面元素以建筑和形态规则的空间为主，画面中就会有明显的灭线和灭点，当画面以自然景观环境和植物空间为主要内容时，则通过物体的前后层次和远近大小来体现空间的深度，不同内容和主景的透视图效果不同，画法也有很大区别。（图 2.41）

一个优秀的设计方案其表现主题与透视方法的选择、空间深度及构图形式美法则都是影响画面构图的因素，优秀成功的方案构图应做到以下几点：

①主题突出

在景观设计的透视效果图中，画面的主要元素可以是由建筑或者景观构筑物所构成的空间，也可以是由某一种类型的特殊空间和氛围的场景，在绘制之前首先要明确设计者要表达的设计意图，画面应该给看图者传递什么样的设计信息，画面中要表现空间的整体性和主题突出，不止要做到整体的空间氛围特征的统一，还要做到表达手法和艺术处理方式的统一。

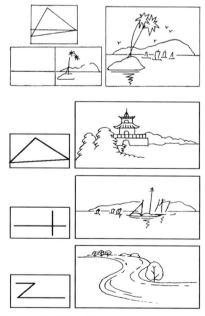

图 2.41 常见的构图样式

图 2.42 区域规划整体效果图

图 2.43 场景空间表现

图 2.44 合理的景深

图 2.45 清晰的空间结构

图 2.46 到位的细节

图 2.47（1）形式美法则：对称（作者：张玲）

图 2.47（2）形式美法则：均衡（作者：张玲）

图 2.47（3）形式美法则：对比与统一

图 2.47（4）形式美法则：节奏

比如在鸟瞰图和区域规划整体效果图的表现中，我们更多的是强调画面规划的空间整体结构以及各个画面要素间的联系和衔接关系，但在植物特性和物体的细节表现上就会进行淡化处理。（图 2.42）

在场景空间较小的画面中，画面更多的是强调生动和层次的丰富性，空间主体明确、内容展现丰富、配景生动，将细节和特性表现得突出完整。（图 2.43）

②空间完整

构图应该具备完成的空间表现，这样才能实现画面的主题突出，而完成的构图应该把握以下几点：

●合理的景深：根据表现的主体内容选取合适的景深，才能将要表达的内容和重点恰如其分地展现出来，景深过小，画面会显得空洞而缺乏层次；景深过大，画面内容过多，会使得重点元素缺乏细节，画面没有中心。（图 2.44）

●空间结构要清晰：在规划表现中对景观空间和各个要素要进行有序的组织，如何进行表现？表现的重点在哪里？他们之间关系如何衔接？这都是需要在绘制前进行思考的问题。（图 2.45）

●细节的表达要到位：画面的细节包括主景的细节（材质、装饰、铺装方式等）以及配景（建筑背景、天空、人物等）来体现画面的黑白灰关系和烘托场景氛围，细节的表达对于画面的完整性相当重要。(图2.46)

③形式美法则的运用

构图的形式美法则包括对称、均衡、对比、统一、节奏等（图2.47）。对称常用于体现建筑物和构筑物的统一形态和外立面关系，均衡多用于自然景观场景，来体现画面视觉上的心里平衡，而画面的疏密变化则是通过元素之间的布局关系来控制画面的视觉中心，通过疏密、大小对比来形成节奏和韵律感。在构图中，景观元素的体量大小、材质、色彩等都存在对比和统一关系，因此一个优秀的画面是包含了多种形式美法则的灵活运用。

因此，在设计方案与需要表现的主题内容确定之后，透视相关原理的运用，包括采用什么样的透视方法？运用什么样的形式美法则来组织画面？这些能够让设计师比较准确地选择合适的透视角度，并能准确地把握物体的尺度，使画面既有多样性又具有条理性，既富有变化又和谐统一，让画面的表现中心成为视觉中心，是我们透视图构图和绘制阶段必须掌握的构图技能。

## 2.3 园林景观手绘快题设计线稿的绘制技巧

我们知道一张优秀的手绘快题作品，线稿占了70%的比重，决定线稿成功的要素包括设计的美观性、构图的合理性、透视的准确性、线条的疏密有致等，它们之间相互联系、相互制约，因此我们要对线条的组合方式和表现进行认识和练习。

### 2.3.1 充分理解和灵活运用线条的特征

手绘的线条具有丰富的"表情"，用尺子绘制的线条与徒手绘制的线条本身就能产生不同的画面效果，在画线时用的力量不同也会有粗细和轻重的区别，很多同学喜欢用尺规来画线，这样的画面虽然会比较准确，但是会容易出现线条轻重、粗细都过于一致的情况，画面会比较呆板。有些同学喜欢完全徒手绘制，认为徒手绘制的线条生动，但是完全靠手绘的线条如果基本功不够扎实很容易出现物体形态不准确，造成画面表现力弱的后果。

因此想要获得好的线稿需要根据画面内容适当地运用尺规工具和徒手线条结合的方式，通过线条的群组和叠加产生一定的疏密变化，运用线条表现准确的透视关系，运用不同的笔触和阴影关系来体现素描关系和材质肌理。总之，绘图者必须熟练掌握线条的特征和变化，根据不同的情况灵活运用。

### 2.3.2 景观手绘线稿的绘制要点

（1）线条必须要准确：无论绘图者喜欢用什么线条进行表达，画面的准确性是首要的，这里的准确包括透视关系的准确、空间关系的准确、物体形态的准确、物体内部结构和比例尺度的准确，甚至包括物体表面纹理比例大小的准确都要进行细致地刻画和表达。画面中的直线要直、曲线弧度要均匀、线条要注意透视的变化，无论多么复杂的画面都要进行梳理，做到准确无误。（图2.48）

（2）线条要简洁而富有设计感：手绘快题的线稿不像素描和国画等艺术绘画作品需要进行详细的刻画和表现，手绘效果图往往需要快速概括的表现，因此设计线条必须做到言简意赅，进行抽象提炼，但因为透视效果图要表现一定的氛围和艺术表现力，所以也要具有一定的设计感，使画面更加生动。（图2.49）

图 2.48 线稿的准确性

图 2.49 线稿简洁和设计感（作者：张玲）

（3）用线条组织画面的透视关系和变化，突出层次变化：一个画面的完成是由线条的组织来体现透视、
结构、比例、光影、材质等内容，在设计透视图中我们通过不同的线条（体现物体结构和空间范围的骨骼线条、
体现物体表面的分割关系和物体外形轮廓的设计线条、体现物体的黑白灰关系调子和纹理的线条）进行合
理组织，来形成层次分明的画面。（图 2.50）

（4）景观图中线条的刚柔并济：景观设计分为硬质和软质元素两个部分，所以在表现建筑环境、景观
建筑小品和景观铺装这些物体，为了准确性多采用刚劲有力的尺规制图方式，而在表现水体、植物等软景时，
为了体现轻松、柔美、活泼的画面效果则以徒手方式进行体现，这种刚柔并济的线条能形成对比和丰富的

图 2.50（1）层次分明的线稿（作者：张玲）

图 2.50（2）层次分明的线稿（作者：张玲）

图 2.51（1）线条的刚柔并济

图 2.51（2）线条的刚柔并济

图 2.52（1）优秀线稿

图 2.52（2）优秀线稿

画面效果。（图 2.51）

· 园林景观手绘快题设计优秀线稿（图 2.52）

## 2.4 园林景观手绘快题设计上色技巧

手绘快题的色彩表现是为了体现空间中各种造型元素的具体色彩、材质质感和光影体积效果，是黑白灰关系的进一步深入体现，因此，色彩的表现不仅要考虑物体的固有色、肌理材质，还要考虑到环境对物体的影响，尤其是要控制住画面的整体色调，突出要营造的氛围效果。

### 2.4.1 手绘上色的基本步骤

手绘上色分为三个阶段，第一个阶段是定基调，第二阶段是细刻画，第三个阶段是调整体。每个阶段的内容如下：

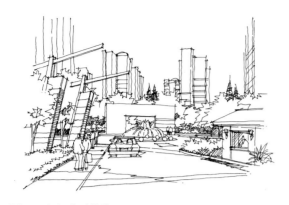

图 2.52（3）　优秀线稿

图 2.52（4）　优秀线稿

图 2.52（5）　优秀线稿

图 2.52（6）　优秀线稿

图 2.52（7）　优秀线稿

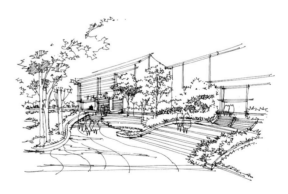

图 2.52（8）　优秀线稿

图 2.52（9）　优秀线稿

图 2.52（10）　优秀线稿

图 2.52（11）优秀线稿

图 2.52（12）优秀线稿

图 2.53（13）优秀线稿

　　（1）定基调：即根据画面的内容和空间铺一个大的色调，着色前首先要分析画面的空间、光影和物象，想好基本色调的搭配，挑选好熟练的工具和常用的颜色，然后选择画面中的最大块面和最主要表现的主体颜色进行上色，上色时应由浅入深，注意恰当的留白，运笔时也应该考虑到物体的质感来进行，在上色过程中注意色彩的变化、近景与远景的对比与协调关系。（图 2.53）

　　（2）细刻画：即进一步刻画物体形象的体块关系及空间关系，在深入刻画物体之前要把握图面的构图中心，将刻画的重点放在景深的中景色并注意拉开植物及水景的层次关系。上色的过程也是从浅色到深色，从主色到附属色，要注意到灰色与亮色之间的比例关系、位置关系。在植物着色的过程中，注意乔木与灌木之间色彩的衔接过渡关系，着色过程中要注意笔触的粗细与轻重急缓，笔触的叠加会形成色彩的微妙变化。（图 2.54）

图 2.53 定基调

　　（3）调整体：根据画面的整体关系把暗色适当压重，亮色提亮，增加对比度和画面的展示效果。该阶段通过对天空、设施、人物和阴影的点缀着色来完整最后的画面。在上色时阴影的深灰重色使画面更加沉稳、有层次感；铺装等环境色调要注意色彩与明暗变化的融合、对比；注意不同铺装的纹理与色调的变化与对比，最后的调整注意重色量的控制，点到画面的关键位置也要对画面的最初留白进行控制。（图 2.55）

图 2.54 细刻画

### 2.4.2 手绘上色的技巧

快题设计是在有限的时间内将各种图纸（平面图、剖面图、透视图等）在一张纸面上进行展示，如果在色彩上不注意取舍和控制，图面效果将出现过于花哨和过焦的现象，所以在上色过程中建议参考以下意见：

（1）在上色过程中遵循"铅笔构图打稿—黑色勾线笔描绘—马克笔上色—彩铅细微调整和润色"的过程逐步推进，每一步都要注意画面的整体关系和完整性，按照次序完成既能节约时间又能快速完成每一个步骤。

（2）在上色之前尽可能把线稿画得完整些，线稿除了把物体的形体交代清楚，还应该通过表面的线条组织将明暗体积、材质肌理都表现清楚，使得即使不上色，整个画面已经有了较清晰的明暗关系，将一定程度上减少上色的难度和时间。（图 2.56）

（3）在上色过程中注意留白的运用技巧，留白能控制整个画面的亮部。留白分为笔触的留白、材质的留白和光影的留白，笔触的留白是指在运笔填色过程中保留的间隙和边缘的小面积范围，这种留白能使得整个画面中较大块面活跃而不沉闷；材质留白是一些光面和反光材料，如玻璃，不锈钢等，在局部会形成留白；光影留白是指光线投射后产生的亮面会出现的留白。

（4）在上色时建议合理控制用色，尤其对于色彩把控能力不强的初学者而言，最保险的方式是运用同色系来体现固有的色彩和光影变化，局部的配景采用对比稍微强烈的小块色来烘托环境气氛，重要物体的

图 2.55 调整体

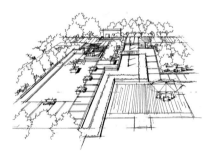

图 2.56 完整的线稿

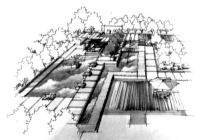

图 2.57

图 2.58

图 2.59 透视效果图上色

刻画可以结合水溶性彩铅的叠加来丰富画面的层次。（图 2.57）

（5）在上色时注意叠色的运用，对于相对熟练的绘图者我们可以通过同色系的叠加和单一色的叠加来实现对物体的深入刻画，注意同色系颜色的叠加色彩种类不要超过 2 种，否则会出现颜色变脏而无法控制的局面；单一色彩的叠加也不能超过 3 次，且应当注意叠加色彩和周边颜色的过渡与协调。

（6）对于一些基础较好的考生，在一些特色艺术的表现上，可以根据自身的能力选择一些更具表现力的画法，以提升试卷的吸引力和张力，可以在暗部来增加丰富的环境色，也可以在整个画面中使用对比色和戏剧色，但在使用过程中一定要控制整个画面的量，且与画面其他图面形成一定的呼应而不是孤立存在。（图 2.58）。

园林景观手绘快题设计线稿和上色作品对比（图 2.59）

园林景观手绘快题设计优秀上色作品欣赏（图 2.60 至图 2.63）

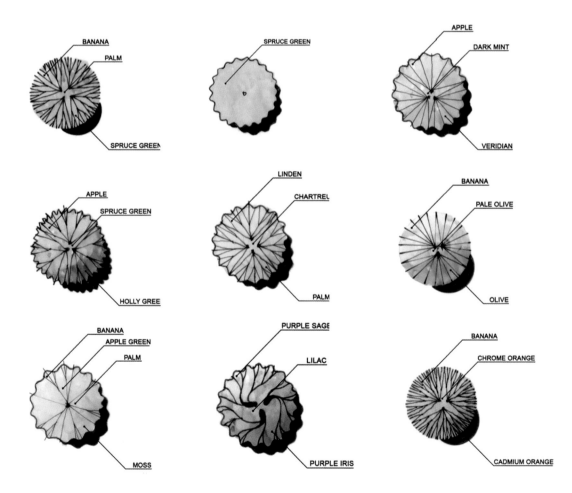

图 2.60 单棵植物平面上色

图 2.61 单棵植物立面和透视植物组合上色

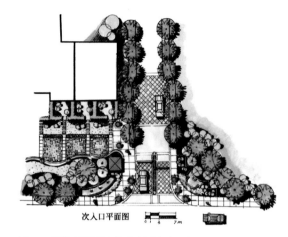

图 2.62 景观平面图上色（小区出入口）

图 2.63（1）景观透视图上色（彩铅）

图 2.63（2）景观透视图上色（彩铅）

图 2.63（3）景观透视图上色（马克笔）

图 2.63（4）景观透视图上色（马克笔）

图 2.63（5）景观透视图上色（马克笔）

图 2.63（6）景观透视图上色（马克笔）

图 2.63（7）景观透视图上色（马克笔）

图 2.63（8）景观透视图上色（马克笔 + 彩铅）

图 2.63（9）景观透视图上色（水彩）

图 2.63（10）景观透视图上色（水彩）

# 第 3 章 园林景观快题设计的基础知识解读

## 3.1 园林景观快题设计的题目类型

园林景观快题设计是快题设计的一项类别，和它并列的有城市规划快题设计、建筑快题设计、室内快题设计等。作为园林景观专业类别的快题设计，其设计内容是根据园林景观专业的设计范畴来进行定义的，而现代园林景观规划设计包括的内容比较多。宏观方面包括：区域规划（图3.1）、城市设计、片区规划（图3.2)、道路规划。微观方面包括：居住区规划（住宅小区、住宅庭院，图3.3)，公共绿地规划（城市公园、城市广场、滨水区景观、街头绿地景观，图3.4)，社区文化公园、国家公园和国家森林景观规划，商业街景观规划（图3.5，商业综合体、历史文化街区景观)，建筑物和构筑物室外周边环境设计（社会机构办公楼景观、医院景观、企业园景观、屋顶花园等，图3.6)，道路交通景观等各个方面的内容。

图 3.1 区域规划（图片来源：来拓原创手绘）

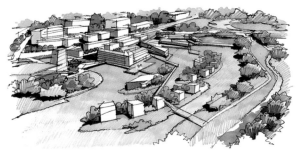

图 3.2 片区规划

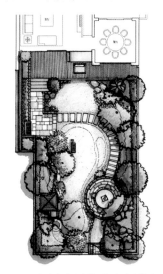

图 3.3 庭院规划手绘平面图（作者：张玲）

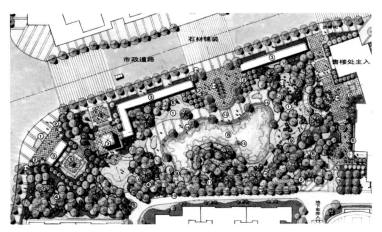

图 3.4 街头绿地景观彩平

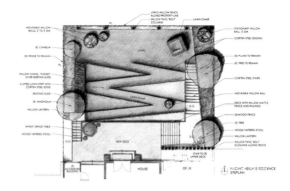

图 3.5 商业街景观规划手绘平面图　　　　　　　　　图 3.6 屋顶花园景观规划手绘平面图

从大多数园林院校近几年的研究生入学考试内容来看，快题设计考试题目类型包括：公园景观、城市广场、街头绿地、居住区景观、校园环境、主题性场地、庭园景观等，一般以中小规模的概念性方案为主，题目有在全新的场地上新建内容，也有对场地内有价值的内容进行保留和改扩建的项目。在场地的选择上，为了让考生有一定的生活体验和设计经验，才能发挥出真实的水准，因此选取的场地都是比较常见的和接近真实的。此外，因为是培养园林景观专业的高级人才，因此对设计者的思想理念和对新社会经济发展形势和政策导向的理解和认识，如新农村建设、海绵城市理念等也会在题目中得到体现。

而园林景观设计单位的招聘考试与研究生入学考试的要求比较类似，因为它对设计人员的技能水平要求更高，因此时间一般缩短到 3~4 小时，尤其在对场地的选取上，基本上都是完成真实的项目，而且在方案的技术规范上提出了更高的要求。因为园林景观设计单位在工作中往往会与规划、建筑等相关专业协同工作，因此要求考生熟悉如绿化率、红线退让、消防通道、消防扑救面、停车布置等，这些相关专业的基本常识，并在快题设计中得到体现。

作为职业院校学生技能抽查的考试的题库来看，在内容的选取上，它根据实际开展的难度和学生的认知能力与水平来设置内容，要求在 6 个小时内完成一个题目的 3 个模块的练习，包括手绘快题、电脑效果图制作和施工图绘制，其中手绘快题承担了设计构思与平面图和空间效果图推敲及表现的任务，是 3 个模块里最为关键的部分，在时间上应当控制在 3~4 小时，因此选取的题目相对范围较小，题目类型分为：别墅庭院景观设计 ( 图 3.7)、屋顶花园局部设计、商业街局部景观设计、校园广场景观设计、道路交通绿岛景观设计、居住区组团绿地景观设计、中庭花园景观设计以及办公楼医院、酒店入口景观设计等类型。

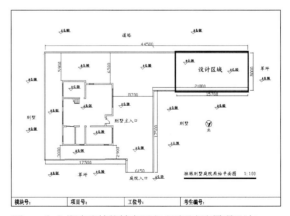

图 3.7 ( 1 ) 湖南省技能抽查题库 ( 别墅庭院景观设计 )　　　图 3.7 ( 2 ) 湖南省技能抽查题库 ( 别墅庭院景观设计 )

## 3.2 园林景观快题设计的基本指标和规范

在设计的过程中，除了能正确地表现设计意图以外，为了使我们设计的内容满足一般的可行性原则和量化指标，我们应当以设计规范作为参考，以提高设计效率。现在的高等学校的设计专业教学因为与社会实践存在一定的脱节，教学不是多强调设计的原理和学术性就是过分强调表面的图面美观和炫酷的技法。导致学生对设计的规范知之甚少，最终设计出的方案存在许多常识性的错误，经不起推敲。在此仅列出快题设计所需的景观设计相关规范知识，以供参考。

### 3.2.1 城市"四线"

分别是指城市"绿线、紫线、黄线、蓝线"，是对城市发展全局有影响的控制界线。下面对用地红线、城市绿线和城市蓝线进行简要解释。

①用地红线：用地红线是围起某个地块的一些坐标点连成的线，红线内土地面积就是取得使用权的用地范围。

②城市绿线：是指城市各类绿地范围的控制线。

③城市蓝线：是指城市规划确定的江、河、湖、库、渠和湿地等城市地表水体保护和控制的地域界线。

### 3.2.2 经济技术指标

①总建筑面积：是指在建设用地范围内单栋或多栋建筑物地面以上及地面以下各层建筑面积之总和。

②绿地率：是在红线范围内的各类绿地面积的综合与用地面积之间的比率（绿地率＝绿地面积／用地面积 ×100%），包括公共绿地、宅旁绿地、配套公建所属绿地和道路绿地等。根据相关规定：学校、医院等公共文化设施等绿地率不低于 35%；居住区绿地率不应低于 30%；旧区改造绿地率不宜低于 25%；交通枢纽、商业中心等绿地率不低于 20%。

③容积率：是项目用地范围内地上总建筑面积（但必须是正负 0 标高以上的建筑面积）与项目总用地面积的比值。

### 3.2.3 道路（图 3.8）

公园、城市绿地、居住小区道路按照交通流量一般分为三级。

①主要道路：主要用于通行生产、消防救护、游览观光的车辆，车行道宽度为 5 ～ 8 米（根据小汽车

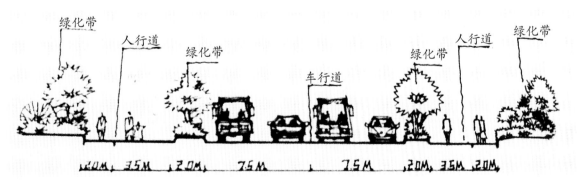

图 3.8 道路剖面尺寸图

的尺寸 2.5 米宽的行车宽度），小汽车的转弯半径为 6 米。

②次要道路：主要用于沟通各个景点、重要建筑以及轻型车辆，如观光电瓶车、人力车等，宽度控制在 2.5~4 米。

③休闲步道：用于休闲散步的人行道路，多采用曲折自由的形式来连接各个景点，单人行道为 0.6-1.0 米宽，双人行道宽度为 1.2~1.5 米（根据人的尺寸肩宽 0.6 米设定），休闲道路宽度可根据人流量来设置合理的宽度。

④踏步与坡道：室外踏步尺寸为高 0.15 米，宽度 0.3 米，室外踏步数量不得少于 3 个，当室外踏步数量超过 18 个时应当设立休息平台，楼梯休息平台大于等于 1.2 米，当室外高差不到 2 个台阶的高度时应当设置成坡道，在公共区域（尤其是建筑出入口的位置）有台阶的地方要设置残疾人坡道，直线式残疾人坡道，坡面宽不小于 1200mm，坡度不大于 1：12；楼梯扶手的高度为 0.9 米。

### 3.2.4 植物种植

植物种植要考虑植物的冠幅大小，乔木一般按照成熟期 5 米的冠幅设置间距 5~8 米，间距过大会无法形成景观效果，间距过小将影响个体以后的生长发育，也不符合经济性原则。植物种植还需要考虑附土厚度，一般乔木深度在 1.2~1.5 米，灌木在 0.6~0.8 米，花卉及草坪在 0.3~0.5 米，尤其是屋顶花园和树池种植需要考虑这些数据。

### 3.2.5 建筑构架及其他

亭子的檐下高度净空为 2.7 米，根据不同的形状设置尺寸，其中四角亭根据所在区域可设置 4~6 米的边长距离。廊架分为单臂廊架和双臂廊架，其中双臂廊架立柱间间距为 2.4~2.7 米。

①停车场：小车停车场的车位大小为 2.5 米宽，5 米长，停车场少于 50 个车位只需设置一个出入口，停车场作为建筑和重要的交通设施，必须布置在离出入口和建筑入口比较近的位置。

②居住区水景的深度一般在 1.5 米左右，儿童戏水池水深不超过 0.6 米，汀步应设置安全区域，附近 2 米范围内的水深不得大于 0.5 米。

## 3.3 园林景观快题设计的要素解析

任何景观设计都有一定的设计限制条件，除了项目类型不同所需求的场地特征和设计元素不同，以及基本的指标有一定规范要求以外，还有其他场地内的设计前的限定性因素，我们需要善于分析这些因素来反映在我们的设计构思中，形成合理有效的设计。

### 3.3.1 地形和朝向

地形是场地环境内的高低起伏状况，是园林景观设计的骨架，它构成了场地内的基本特征，设计师必须根据生态和经济节约的原则，地形是园林景观设计中的特色元素，我们应该要合理地利用和改造现有地形，尽可能减少土方量的开挖和回填，顺应地势来制造地形，在中国古典园林中这一点运用的很多。比如将自然水景根据地形的高差来进行设计，来实现不同的感观效果。在快题设计中我们也应该根据场地提供的高差现状来进行合理布局，等高线的绘制以及坡度和标高等要进行合理设置，局部应该根据环境设置微地

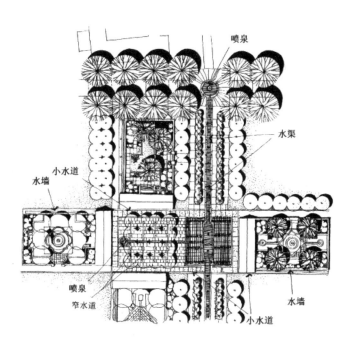

图 3.10 景观轴线一致

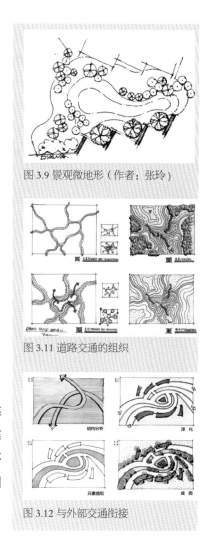

图 3.9 景观微地形（作者：张玲）

图 3.11 道路交通的组织

图 3.12 与外部交通衔接

形，以丰富竖向空间感受和分隔空间。（图 3.9）

作为场地内的建筑布局都会按照坐北朝南的方位进行布局，以达到最好的通风采光效果，来进行建筑与环境的良好沟通，因为这些建筑朝向和围合成的景观场地特点会带来空间视觉上的变化，而场地环境内的景观建筑尤其是景观轴线和节点也应该在朝向上保持一致（图 3.10），因此设计时应尽可能反映出建筑与环境的这种沟通。

### 3.3.2 道路交通的组织

道路不仅支撑着人群在一个景观空间与另一个景观空间之间便捷地流动，起到连接各种类型场所空间的功能，场地周边道路的布局以及道路的特征（如道路的方向性、连续性、韵律与节奏性等），都直接影响到场地内的地貌、功能和空间环境，道路是场地非常重要的制约因素之一。（图 3.11）

在快题设计平面图中道路起到交通、引导、连接的作用，把各个景观节点有机、连续地串联起来，好的景观道路会更便于游客在景观中游玩与体验，在设计中我们需要注意以下问题：

①道路要有明显的路网等级，并进行人车分流。道路应考虑主要道路、次要道路、人行散步道。比如在居住区内道路就可以分为：居住区道路（红线宽度不宜小于 20 米）、小区路（路面宽 6~9 米）、组团路（路面宽 3~5 米）和宅间小路（路面宽度不宜小于 2.5 米）。

②道路网应主次分明，不宜太过密集，导致资金的浪费，也不能太松散造成交通不便捷，应该做到主路尽快畅通连接景点，次要道路和人行道能提供不同形式的观景感受和线路，在设计过程中要加强构图练习。

③道路要考虑到与周边外围道路的连接，居住区内道路至少应有两个方向与外围道路连接（图 3.12）；且居住区内主要道路应至少有两个出入口；机动车道对外出入口间距应大于等于 150 米。

④道路的设施要考虑和消防设施的结合，沿街建筑物长度超过 150 米时，应设置不小于 4 米 ×4 米的

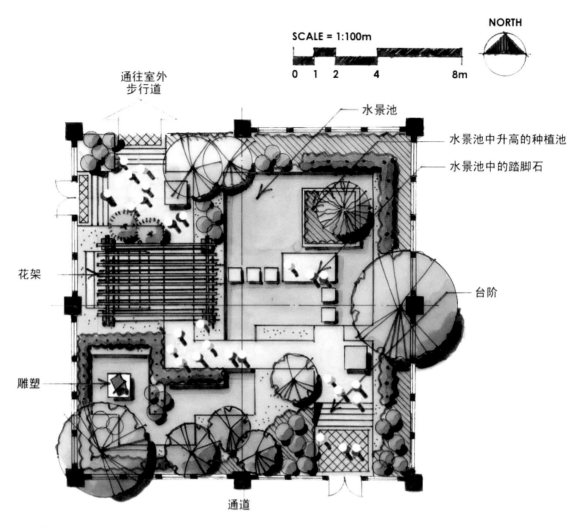

SCALE = 1:100m

NORTH

0 1 2 4 8m

通往室外
步行道

水景池

水景池中升高的种植池

水景池中的踏脚石

花架

台阶

雕塑

通道

图 3.13 道路串联节点

消防车通道。居住区内设置的尽端式道路的长度不宜大于 120 米，并应在尽端设置不小于 12 米 ×12 米的回车场地。

　　⑤道路要与其他景观元素相结合，如行道树、水景、观景平台、活动广场、休闲廊架等，这样能避免行走过程中的视线单调，还能丰富空间层次和图面效果，也能提升游玩的体验，将节点和功能有节奏地串联起来。（图 3.13）

　　⑥道路作为联系节点的纽带，在图面中是一个衬托和对比关系，在色彩和表现上都不能过分强调，应与画面形成统一。

### 3.3.3 入口功能形象

　　园林景观的入口作为整个场景的形象展示空间和进入场地环境的过渡地带，其设计的好坏直接影响到人们对整体环境的判断和感受（图 3.14），在设计中要从以下几个方面进行考虑：

　　①入口应该首先处理好和外部交通之间的联系，与城市交通和周边道路做好衔接，既做到交通便利顺

畅又要避免城市的干扰。入口的位置尽可能远离道路交叉口、桥梁、高架和快速路等交通拥堵地段。

②入口作为引导人群进入的场地空间应有明确的导向性，平面布局可以进行丰富和空间分隔，但应做到交通明晰、人车分流导向，注意相关规范要求，设置台阶、残疾人坡道和斜坡处理的同时注意其美观性。（图3.15）

③入口作为人流的聚集区域，要设置一定的休息停留空间，同时具备城市防灾集聚与疏散的功能。（图3.16）

④入口作为形象展示的重要空间，应能集中体现场地内景观的特色和文化内涵与风格，设计手法应该简练、意向明晰，能让人有深刻的视觉感受和空间体验。（图3.17）

### 3.3.4 水景的形式

水除了在生态、气象、工程等方面可以获得不可估量的经济和社会效益，还能对人们的生理和心理起到重要的作用。水的不同状态又给人不同的心理感受，如静态的水给人以宁静平和、轻松愉快的感官体验，动态的水给人以欢快愉悦、兴奋刺激的感官体验。水不但可以活跃景观的气氛，还可以丰富景观的空间层次，所以经常作为景观平面的中心内容来影响景观空间的组织和布局。

水体在平面布置图中经常按照形态特性分为：点（如水池、泉眼、人工瀑布、喷泉）、线（如水道、溪流、人工渠）、面（如湖泊、池塘）三种形式。水景设计手法：静水景观设计、流水景观设计、落水景观设计、喷水景观设计、亲水景观设计。在快题设计中我们应该在经济性和技术可行性原则的基础上对整体水面进行设计，设计中应该注意以下几个方面：

①景观水体的设计手法应尽量做到统一，如自然水面平面上要考虑根据场地特征和布局特点形成"起、呈、转、合"的韵律节奏，同时要注意顺应地形高差进行竖向处理（图3.18），规则式的水景也要讲究水的形态和生动处理。（图3.19）

②水面之间要考虑到其连续性和流动性，以减少工程造价，实现经济合理性。

③水景的环境打造要与相关的活动元素联系起来，设置亲水活动平台、休闲小岛、停留遮蔽的构架，实现功能的多元化。

④水面的驳岸要根据需要设置相应的硬质区域，但不宜过多，亲水平台和水面的标高要根据人的环境感受进行合理的高差

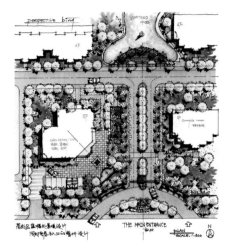

图3.14 入口景观规划平面图

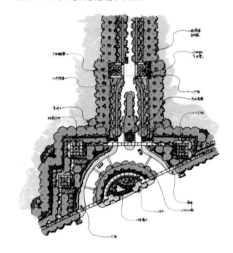

图3.15 入口景观明确的导向性和丰富的空间分隔

主入口平面图

图3.16 入口停留集散空间规划平面图

图 3.17 大门的形象展示

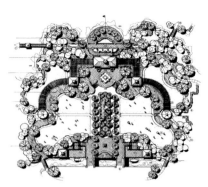

图 3.20 中央景观节点平面构图

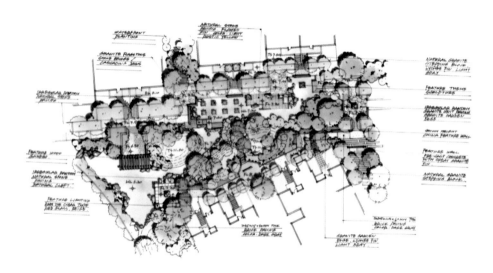

图 3.18 自然式水景的起承转合

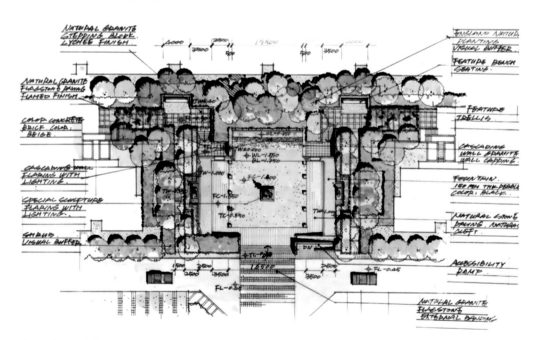

图 3.19 规则式水景

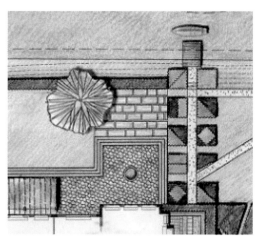

图 3.21 孤植

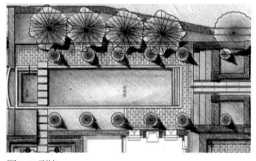

图 3.22 列植

设计。

⑤水边应设置相关的安全设施，如栏杆扶手、汀步周边的安全水深、合理放坡的地形高差等，以满足其规范要求。

### 3.3.5 中央景观节点设置

中央景观节点作为重要的活动场地和人流聚集中心，往往以结合其他景观元素的广场的形式出现，一个形象突出、布局合理生动的中央广场往往能把握住整体的构图中心和精神内核（图 3.20），在设计中要注意以下问题：

①广场作为交通联系和分流的重要聚散空间，广场内部也会进行交通流线组织，设计时要做好功能分区，将交通流线和休憩活动空间区域划分清晰，避免相互干扰。

②广场在平面构图区域划分中要注意承接关系和延续性，注意把握空间转折的节奏性，既不能转换过多，也不能过于单调乏味。

③为了丰富竖向和视线空间的内容，我们常常会加入一些水景、雕塑、花坛等，但这些内容的设置，风格的选取都应该与主题进行呼应，不能与整体设计思想相脱离。

④广场以铺装为主，在设计中要注意整体色调和铺装样式的把握，做到丰富多样又整体统一的效果。

### 3.3.6 植物布置与搭配

①植物的重要意义：植物不仅可以挡风蔽日、水土保护、释放氧气、降低噪声、防风阻尘，降低空气温度和热岛效应，调节改善小气候，而且不同植物的季向变化和形态特征所带来的感官上的审美，以及植物与文学作品和艺术联想所营造的意境情感等，对人的生存及审美和情感方面有着非常重要的意义。

在园林植物配置时我们要遵循经济性原则，利用美观和艺术的种植手法进行合理的搭配，形成群落关系，在快题设计时，考查的不是我们那么全面而深入的认识，不需要精确到每一棵植物的具体品种和大小，但我们设计时必须要能在图面中区分出乔木、灌木、地被和草皮、藤本植物、水生植物等基本的植物形态，也要能通过色彩来区分彩叶植物（落叶和开花植物）和常绿植物，并通过植株的大小和类型来控制统一方向的投影大小，以体现其立体性。

②植物的常用种植方式：在园林景观设计中常用的植物配置方式分自然式和规则式两种，其中自然式主要运用于大部分自然景观和庭院中，规则式主要运用于欧式景观和建筑主入口及道路两边，作为强调轴线的作用。常见的植物布置方式有：孤植、列植、对植、丛植、群植，我们应根据场地大小、设计

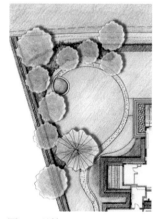

图 3.24 丛植

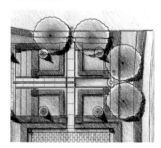

图 3.23 对植

内容和空间形态进行运用。

·孤植：孤植主要突出表现树木的个体美，常作为园林空间的主景存在（图3.21）。孤植树一般具有以下特点：姿态优美，色彩鲜明，体形略大，寿命长而有自身特色。如轮廓端正明晰的雪松，婀娜多姿的罗汉松、五针松，树干有观赏价值的白皮松，花大而美的白玉兰，叶色鲜艳的鸡爪槭等。

孤植树种植的位置要求比较开阔，要有比较适合观赏的视距和观赏点。而且最好能有色彩单纯而又有所变化的背景（如天空、水面、草坪、树林等），通过衬托突出其在树体、姿态、色彩方面的特色。孤植树一般多种在园林中的空地、岛、桥头、转弯处、山坡的突出部位、休息广场、树林前空地等地，起到画龙点睛的作用。

·列植：列植也称为带植，是将植物按一定的株行距成排成行地栽种，如道路、广场、工矿区、居住区、建筑物前的基础栽植等，它在规则式园林中运用较多，常以行道树、绿篱、林带或水边列植形式出现在绿地中，具有整齐、单一、有气势的特点。（图3.22）

·对植：对植是将两株树按一定的轴线关系作相互对称或均衡的种植方式，在园林构图中作为配景，起陪衬和烘托主景的作用。对植常见于园门、建筑物入口、广场和街道两侧。对植分为规则式和自然式，规则式讲究对称性，要求树种和体量大小都相同；自然式是两株或两丛树按一定的方式配置，使其对称或均衡的种植方式。（图3.23）

·丛植：丛植可以形成极为自然的植物景观，它是利用植物进行园林造景的重要手段。丛植一般最多可由15株大小不等的几种乔木和灌木组合成的一个整体植物结构，它主要让人欣赏组合美、整体美，而不

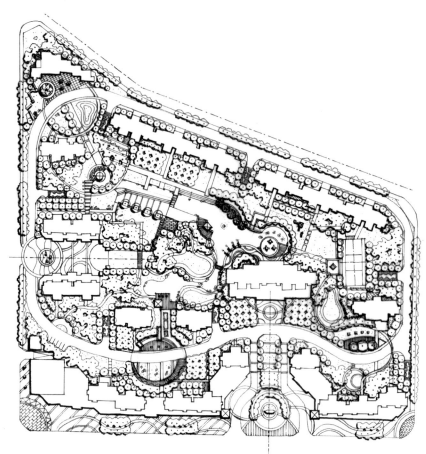

图3.25 群植（作者：张玲）

过多考虑各单株植物的形状和色彩。丛植可分为：两株丛植、三株丛植、四株丛植、五株丛植。（图 3.24）

　　·群植：群植是由多数乔灌木（一般在 20~30 株以上）混合成群栽植而成的类型，树群主要表现为群体美，也可作为构图的主景。树群应布置在开敞的场地上并留有足够的观赏距离，树群的配置形态追求艺术与自然，最佳的效果是既能展现植物的群体美，又能看出树种的个体美。（图 3.25）

　　③湖南常用的植物品种：

　　·乔木：

　　A. 常绿乔木

　　香樟：常绿大乔木，枝叶茂密，气势雄伟，四季常青，是优良的绿化树、行道树及庭荫树。湖南是有名的香樟之乡，冠幅多为 2.5~5 米，在园林中常用于单植、列植和群植。（图 3.26）

　　桂花：常绿阔叶小乔木，高 3~5 米，最高可达 18 米。桂花是中国传统十大名花之一，集绿化、美化、香化于一体的观赏与实用兼备的优良园林树种，常用作孤植树和重要的观景树种进行配置。花中较为常见的有四季桂、丹桂、金桂、银桂。桂花树姿飘逸，碧枝绿叶，四季常青，十里飘香，由于属于相对名贵的树种，多用于孤植和列植。（图 3.26）

　　杜英：常绿速生树种，材质好，适应性强，病虫害少。是庭院观赏和四旁绿化的优良品种，高可达 15 米。杜英喜欢温暖潮湿的环境，耐寒性稍差。稍耐阴，根系发达，萌芽力强，耐修剪，园林中常用于列植和群植。（图 3.26）

图 3.26

广玉兰：由于开花很大，形似荷花，故又称"荷花玉兰"，可入药，也可做道路绿化。荷花玉兰树姿态雄伟壮丽，叶片比较大而浓密，树阴影也比较大，花朵像荷花芳香馥郁，为美化树种，能抵御强风，对二氧化硫等有毒气体有较强抗性，可用于净化空气、保护环境，可列植作为行道树和群植作为绿化隔离带。（图 3.26）

雪松：常绿乔木，达 30 米左右，树冠尖塔形，大枝平展，小枝略下垂，叶针形，可作为孤植树和成片背景树进行种植，适用于孤植在草坪中央、建筑前庭的中心、广场中心等处。

杨梅：常绿乔木，高可达 15 米以上， 4 月开花，6~7 月果实成熟。杨梅喜湿耐阴，树冠大，多作为庭院观赏树进行孤植和与其他植物一起搭配成群落。（图 3.26）

罗汉松：属常绿针叶乔木，高达 20 米，栽培于庭园作观赏树，可经过培植成为盆景和桩景，多用于孤植、对植。

乐昌含笑：常绿乔木，能抗高温，也能耐寒，树干挺拔，树荫浓郁，花香醉人，可孤植或丛植于园林中，亦可作行道树。（图 3.26）

柚子：常绿乔木。叶大而厚；叶翼大，呈心脏形。花大，常簇生成总状花序。果实大，花期 4~5 月，果期 9~12 月，可孤植或丛植于园林中。（图 3.26）

竹子：竹是高大乔木状禾草类植物，最矮小的竹种，杆高 10~15 厘米，最大的竹种，杆高达 40 米以上，常用的竹类有：丛生型凤尾竹、茎秆颜色特别的黄金间碧玉竹、枝叶都很细的慈孝竹、毛竹、箬竹等，其中黄金间碧玉竹、凤尾竹等较高的品种多用以列植、群植作为景观隔离带和景观背景使用。

名　称：银杏 *Ginkgo biloba*
观赏期：9~12 月

名　称：朴树 *Celtis sinesis*
观赏期：夏季，秋季

名　称：红枫 *Liquidamba formosana Hance*
观赏期：9~12 月

名　称：垂丝海棠 *Malus halliana Koehne*
观赏期：全年

名　称：樱花 *Cerasus serrulata.*
花　期：3~4 月

名　称：白玉兰 *Magnolia denudata*
花　期：3~4 月

名　称：苏铁 *Cycas revolute*
观赏期：全年

名　称：紫叶李 *Prunus ceraifera cv. Pissardii*
花　期：4~5 月

图 3.27

华棕： 常绿乔木，高可达 7 米；干圆柱形，叶片近圆形。棕榈树栽于庭院、路边及花坛之中，树势挺拔，叶色葱茏，适于四季观赏。棕榈科植物以其特有的形态特征构成了热带植物部分特有的景观。（图 3.26）

B．落叶乔木

银杏：落叶大乔木，银杏具有一定观赏价值。因其枝条平直，树冠呈较规整的圆锥形，大量种植的银杏林在视觉效果上具有整体美感。银杏叶在秋季会变成金黄色，在秋季低角度阳光的照射下比较美观，常被摄影者用作背景。（图 3.27）

栾树：为落叶乔木，栾树春季发芽较晚，秋季落叶早，因此每年的生长期较短，生长缓慢，秋季开花为黄色，变为果子后为红色，会有一个颜色的变化过程，可用于道路行道树和建筑周边，具有一定的观赏价值。

合欢：为落叶乔木，又名绒花树、马缨花。落叶乔木，夏季开花，头状花序，合瓣花冠，高可达 16m，花期 6~7 月；果期 8~10 月，可用于道路行道树和建筑周边，具有重要的观赏价值。

三角枫：落叶乔木，秋叶暗红色或橙色，高 5~10 米，多用作列植、群植。

樱花：落叶乔木，高 4~16 米，花序伞形总状，总梗极短，有花 3~4 朵，先叶开放，花期 4 月。樱花的观赏价值较高，适合成片种植于草坪边缘和林缘。（图 3.27）

垂柳：高大落叶乔木，分布广泛，生命力强。由于其树枝姿态优美柔软，并能形成倒影，所以多运用于水边进行孤植，是水边常见的树种之一。垂柳也是园林绿化中常用的行道树，观赏价值较高，成本低廉，深受各地绿化喜爱。

水杉：落叶乔木，小枝对生，下垂，能耐水湿和水淹，秋季落叶，树形呈尖塔形，多用于水边成片种植，观赏效果较好。

马褂木：鹅掌楸又名马褂木，落叶乔木，叶大，形似马褂，故有马褂木之称。树高可达 60 米以上，树干通直光滑，生长快，栽种后能很快成荫，是珍贵的行道树和庭园观赏树种。

朴树：落叶乔木，为中国的特有植物，高达 20m，多生于路旁、山坡、林缘。（图 3.27）

白玉兰：落叶乔木，高达 17 米，喜光，不耐干旱，也不耐水涝，中国著名的花木，为庭园中名贵的观赏树，古时多在亭、台、楼、阁前栽植。现多见于园林、厂矿中孤植、散植，或于道路两侧作行道树。（图 3.27）

红枫：又名红颜枫，为槭树科鸡爪槭的变型，是落叶乔木，高 2~8 米，枝条多细长光滑，偏紫红色，叶掌状，春、秋季叶红色，夏季叶紫红色，多用于孤植、群植，古典园林中常与景石结合种植，具有非常高的观赏价值。（图 3.27）

名 称：红叶石楠 Photinia serrulata
观赏期：全年

名 称：八角金盘 Fatsia japonica
观赏期：全年

名 称：西洋杜鹃 Rhododendron lybridum Hort
花 期：4-5月

名 称：金森女贞 Ligustrum japonicum 'Howardii'
花 期：4-10月

图 3.28

垂丝海棠：落叶小乔木，高达 5 米，树冠开展，花瓣倒卵形，基部有短爪，粉红色，常在 5 数以上，花期 3~4 月，果期 9~10 月，生山坡丛林中或水边。（图 3.27）

石榴：石榴是落叶灌木或小乔木，在热带是常绿树。树冠丛状自然圆头形。树根黄褐色。生长强健，根际易生根蘖。树高可达 5~7m，一般 3~4m，

紫叶李：别名红叶李，落叶小乔木，高可达 8 米，叶常年紫红色，著名观叶树种，孤植群植皆宜，能衬托背景。尤其是紫色发亮的叶子，在绿叶丛中，像一株永不败的花朵，在青山绿水中形成一道靓丽的风景线。（图 3.27）

苏铁：苏铁为优美的观赏树种，栽培极为普遍，多单株与石头结合或者群植。（图 3.27）

· 灌木：灌木是指那些没有明显的主干、呈丛生状态比较矮小的树木，一般可分为观花、观果、观枝干等几类，常用的有法国冬青、红叶石楠（图 3.28）、杜鹃（图 3.28）、红檵木、海桐、八爪金盘（图 3.28）、日本珊瑚树、南天竹、大叶黄杨、小叶黄杨、金森女贞（图 3.28）、木槿、碧桃、梅花、木绣球、木芙蓉、

名　称：大花萱草 *Hemerocallis middendorffii*
花　期：6-8月

名　称：丰花月季 *Rosa hybrida.*
花　期：4-10月

图 3.29

Common Reed 芦苇

Purple Loosestrife 千屈菜

Striped Giant Reed 花叶芦竹

Brown Galingale 莎草

Water Hyacinth 风眼蓝

Pygmy Water Lily 睡莲

Hindu Lotus 荷花

Bulrush 菖蒲

图 3.30

紫玉兰、紫荆、紫薇等。

·地被  地被又称地被植物，是植物群落底部贴地生长的苔藓、地衣层，常用的有鸢尾、矮牵牛、小叶栀子、月季（图 3.29）、麦冬、葱兰、常夏石竹、大花萱草（图 3.29）、紫鸭跖草等。

·藤本：常用的有紫藤、常春藤、爬山虎等。

·水生植物（图 3.30）：能在水中生长的植物，统称为水生植物。根据水生植物的生活方式，一般将其分为以下几大类：挺水植物、浮叶植物、沉水植物和漂浮植物以及湿生植物。

挺水植物：荷花、芦苇、香蒲、菰、水葱、芦竹、菖蒲、蒲苇、黑三棱、水烛、泽泻、慈姑等等。

浮叶植物：泉生眼子菜、竹叶眼子菜、睡莲、萍蓬草、荇菜、菱角、芡实、王莲等。

湿生植物：美人蕉、梭鱼草、千屈菜、再力花、水生鸢尾、红蓼、狼尾草、蒲草等适于水边生长的植物。

沉水植物：丝叶眼子菜、穿叶眼子菜、水菜花、海菜花、海菖蒲、苦草、金鱼藻、水车前、穗花狐尾藻、黑藻等。

漂浮植物：浮萍、紫背浮萍、凤眼蓝、大漂等植物。

图 3.31

图 3.32 儿童游乐场

### 3.3.7 景观建筑与小品

景观设计中的建筑及构筑物包括服务用房、厕所、大门、亭台、桥梁、廊架等，在景观中它们不但具备一定的使用功能，还可以作为围合与限定空间，引导人群视线和活动等作用。景观建筑作为单体设计，它的形象和风格也是对场所精神的直观体现。

景观雕塑及艺术小品对于烘托环境氛围、体现时代风格、增添场所的文化气息起到重要的作用，景观设计中艺术品的设置更加能提升景观环境的艺术感染力。（图 3.31）

景观雕塑与小品的设置要注意以下几个方面：

①注意景观雕塑和小品的合理尺度，注意把握人的欣赏距离和雕塑小品的尺度比例关系，比如广场中的景观雕塑较好的观赏位置一般选择处在观察对象高度两倍至三倍以上远的位置上比较适当，如果要求将对象看得细致些，那么人们前移的位置大致处在高度一倍距离。

②注意景观雕塑和小品形式的统一，无论是抽象艺术品还是具象雕塑，都需要与整个环境的氛围和风格协调一致。

③注意景观雕塑和小品要能反映环境的精神特征，能一定程度上突出环境的主题和立意，具有丰富的精神内涵。

### 3.3.8 服务设施

景观设计中除了场地朝向、道路交通、绿化环境等元素以外，还需要考虑为人们提供一定服务的各种设施，这些环境设施不仅能保障活动的安全，提供便利的服务，还能实现环境的实用价值和审美价值，是环境构成的重要组成部分。服务设施一般分为：信息设施（如电话亭、广告栏）、卫生设施（如垃圾桶、垃圾回收站）、娱乐服务设施（如儿童游乐场，图3.32）、照明设施（如灯具）、交通设施（如自行车停车棚），这些服务设施的安装位置、大小体量、材质色彩、风格造型等都会影响环境的整体效果。

## 3.4 园林景观快题设计对场景氛围的把握

当我们对园林景观的快题设计的题型和设计的规范与要素进行了分析以后，我们要开始对场景的氛围进行把握，根据场景的需要来选取相应的设计元素。

（1）场地类型

在设计中我们拿到快题设计的题目时，首先要对场地的类型进行把握，从而取舍画面中的各种元素，然后接下来进行空间的组织。比如一个幼儿园的景观环境，其场地属于建筑配套的室外活动空间，我们往往会根据幼儿园设计规范中的相关要求来设置场地内容：沙坑、跑道、室外活动集散广场等。

（2）人群的活动：不同的场地服务的人群的不同，我们设置的服务设施也会有所不同，我们应该根据活动者的需求来进行空间功能的定位和选取，比如大学校园文化广场应该设置聚集空间、文化长廊、阅读空间等。

## 4.1 园林景观快题设计设计任务书信息解析

（1）设计任务书信息解析的意义

园林景观快题设计的任务书通过图片和文字两种形式给设计者提出设计任务和要求，其中包括对场地环境的功能要求、经济技术指标（总用地面积、建筑占地面积、绿化率等）、设计参数、基地周边环境条件（如周边用地性质、周边出入口位置、周边道路交通状况）等内容。设计师在动手绘制前一定要预留出分析设计任务书的时间，对所给的信息进行分析，分析出主要考虑的因素和主要表达的设计意图，才能做出切合题目要求的设计内容。

商住式建筑，四层商场上为屋顶平台，是住宅的活动区域，设计为屋顶花园。

（1）场地要求

合理规划四个出入口与屋顶花园的步行流线

设计满足日常生活、休闲的住区景观

要求考虑老人与儿童的需要

景观设计立意为现代与时尚的屋顶花园

休息等功能性设施的设置

（2）作图要求

画出平面图，比例尺，指北针

标出索引或图例

表示室外标高

表示主要出入口及场地道路交通

分析功能分区

分析交通流线

分析景观视线（景观格局）

（3）其他要求

考虑到屋顶花园的荷载，尽量不考虑大树的种植，以矮灌木与低矮的景观树为主。

（4）图纸内容要求

平面图（占总分 50%）

剖立面图 2 个（占总分 20%）

分析图（占总分 15%）

主要景点的透视效果图或鸟瞰图（占总分 60%）

设计说明（含植物配置意向设计图或植物配置说明）（占总分 5%）

图 4.1 快题设计任务书

（2）设计任务书的内容介绍

园林景观快题设计的任务书包括以下内容（图 4.1）：

①项目概况介绍：园林景观方案快题设计的建设背景、项目名称、用地性质及规模大小、建筑设计风格等内容。

②设计的图纸的内容和深度要求：园林景观方案快题设计要求的图纸内容和深度要求，包括设计成果的比例、尺寸标注的要求。

③设计项目的现状图纸：从图面中可以直观地看到环境基地中的红线范围、与周边道路的关系、基地周围环境等给定的限定性因素。

（3）设计任务书的内容解析

设计任务书中很多限制条件是通过图面的方式表达出来的，这些限定因素往往会对设计产生决定性影响，所以我们要在阅读文

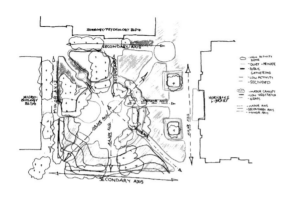

图 4.2 设计区域的解析

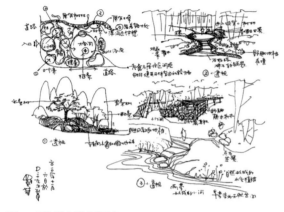

图 4.3 用气泡图进行解读

字的同时详细地研究图面内容，并在脑中迅速建立起相关的关联要素，如场地范围的大小和形状对功能布局和联系方式的限制；场地内的地形状况（平地、坡地、山地等）对景观元素的限制；相邻四面的场地环境状况会带来哪些限制条件？哪些条件又能够转化成为有利因素？同时在设计过程中对场地所在区域的解析（图4.2）也是必不可少的环节，这是设计合理开展的基础条件。一般我们的解析包括以下几个方面的内容：

①自然环境要素：任何一个设计都不可能脱离环境独立存在，场地内和场地周边的地形地势、方位风向、温度风力、日照采光、基地面积等都会影响设计的空间布局，我们应对基地日照、建筑造型、周边景观、通风排水、空间间距、路径动线、维护管理等方面的内容进行综合考虑。

②地理区位要素：不同的地理区位对设计方案的平面组合形式产生重要的影响，比如南北方在建筑构架和形态布局上的不同特色，场地周边现有的建筑和相关环境特征，如历史文物景点、绿地景观等在总体布局和总平面设计中会影响景观视线的布局。

③交通环境要素：外部交通联系和内部空间流线组织是场地内景观设计的重要内容，只有通过对基地周边城市道路情况进行分析，对场地内人流的集散进行布局，通过组织人、车流线，安排动、静态分区的交通，才能保证场地内外交通的合理衔接。

④人文条件要素：在进行设计时除了满足所有使用功能和美观需求，更多的是能打动欣赏者的内心，因此人文精神是提升整体环境感受的决定性要素。人文要素应该从场地所在区位的性质和特色来进行挖掘，比如城市发展过程中的定位，演化的历史和风俗习惯等。在设计过程中经过提炼相关的文化符号和场景特征，在设计元素表现上进行烘托和表达。

对设计任务书进行解析后，我们应当从整体进行把握，在进入设计具体阶段前理清思路，借用"气泡图"表达出各个功能块的内在关联（图4.3），分清主次，并在进行快题设计中将这些整理出的思路和原则始终贯穿在整个设计过程中。

## 4.2 园林景观快题设计:流程与图纸内容

我们常规进行园林景观设计的程序大致可分为以下五个阶段，它们依次是：解析任务书、现状调查及分析、概念构思、设计发展、细部设计。这五个阶段对应的图纸成果依次为：设计计划书、场地分析图、概念构思草图、设计表现图、设计详图。而在快题设计中受到时间的限制，我们很难像平时的设计过程做到那么的完整，往往会选取后面四个阶段来完成设计过程，每一个阶段的成果都体现了景观设计将构思加以记录并具体化成图纸的过程，体现了明确的逻辑性。

（1）现状调查及分析——场地分析图

一般的景观设计方案都会因为场地的特征而存在很多限制因素和条件，我们必须在这些现场进行调查和分析的基础上来把握建筑物的尺度、植被种植情况、土壤气候条件、地形特征及排水等相关因素。

而在快题设计计划书中因为受到时间因素的影响，不可能设置太复杂的场地条件，因此不会列出详细的各项条件，只是通过一些描述性的观点来说明特定基地现状、限制及和发展潜力，我们只能从现有的条件中思考相关联系，从而形成对场地的分析。场地分析图一般用铅笔在图纸上绘制，如有有需要可以适当加一些文字和图样注解，也可以在最后的成图中作为分析图用来阐述设计过程和丰富图面内容，这些资料及分析是后面进行概念设计构思的基础。（图4.4）

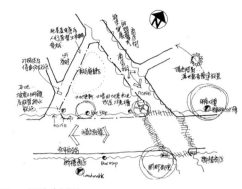

图 4.4 场地分析图

（2）概念构思——概念构思草图（图4.5）

概念构思阶段的工作任务是探讨设计初期的构思创意和技能之间的关系，这个阶段的画面主要是一些概念性、随意性的徒手草图，也可以是一些具有创造性的、潦草凌乱的形态演变示意图。简易的平面示意图、剖面图、创作速写，甚至于漫画都可能出现，还可以用泡泡图、箭头及其他抽象符号来表达所需的概念，这样的图通常是形成进一步设计构想的基础记录，用来发展构思和解决主要矛盾，需要大胆活泼的创新，千万不要因为个人过分美化的要求而受限。

图 4.5 概念构思草图

（3）设计发展——设计表现图（图4.6）

在设计发展阶段，明确的构想开始成形。我们用徒手绘制的方式将前期的构思在图面中通过平面图、透视图、立面图表现出来，目的是能让看图者对你的设计创意和所解决的矛盾与问题进行直观的认识，并作出合理的评价。

这个阶段的图纸不但需要凝练准确地表达设计构想，还要融入机能和美学上的要求，所以图面应该体现出精确的内容，如空间组织、造型体量、色彩材质等内容。

图 4.6 设计表现图

（4）细部设计——设计详图（图4.7）

在快题设计中细部设计表达的图纸往往通过图纸中体现细部构造和材料来体现，而不需要设计详图来体现，从而大大缩短了设计的时间，这个部分在有一些快题设计考

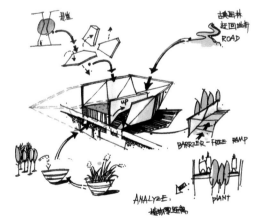

图 4.7 设计详图

试中设计任务书没有做强制性要求，我们可以选择做或者不做，对于那些基础功底较强，又希望画面表达内容更丰富的考生，这些有情趣且生动的表达对细部设计的构思图能辅助说明设计创意，也能在一定程度上增加对设计的评分。

## 4.3 园林景观快题设计的概念设计

概念设计是指通过不拘泥于具体形式的形象来描述设计构思，在一定程度上抛开技术因素，以自由全面的探索和表现创意为主旨，凭借新观念和构思来产生新的设计类型的过程。它是一种具有抽象化、理想化的设计过程和方法，是为设计概念的提出准备丰富的材料的过程。

### 4.3.1 概念设计的思维方式

在景观设计过程中，逻辑思维表现为能力逻辑、结构逻辑、形式逻辑。它贯穿于整个设计的过程中，其中的每一个步骤都存在紧密的联系，在设计过程中我们可以尝试运用如启发联想、组合思维、移植转换和归纳总结来进行设计构思和概念设计，并注意其中存在的逻辑关系，以严谨的态度对待整体与细节。

（1）启发联想：是对当前的事物进行分析和综合判断的思维过程中连带想到的其他事物的思维方式。通过扩大原有的思维空间，进行启发联想，来开展创意思维活动。设计者的本体思维差异也决定了其联想空间在深度和广度上的差异。（图 4.8）

（2）组合思维：是对现有的现象或设计手法进行重组，从而获得新的形式与方法的思维方式。它能为创造性思维提供更为广阔的线索。（图 4.9）

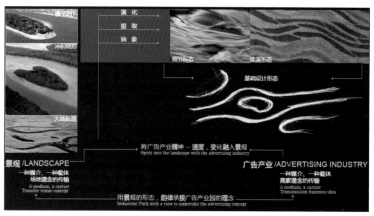

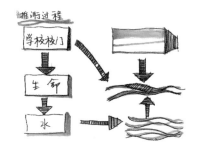

图 4.8 启发联想　　　　　　　　　　　　　　　　　　　　　　　　　　图 4.9 组合思维

（3）移植转换：是对其他学科的原理技术形象和方法进行分析，将其中可利用的内容移植过来，经过思维和形象转换，运用到设计中来的过程。在这个设计思考过程中我们的思维空间会变得更加广阔。

（4）归纳总结：是对原有元素及认知过程进行系统化整理后，经过思考提炼，获得他们之间的契合点，运用到设计中来的思考模式，这种方式可以实现"化零为整"，提炼出具有重要特征性设计概念的重要作用和意义。

### 4.3.2 概念演绎与概念创新

设计概念的产生往往是归纳性思维的成果，而设计概念的运用则是将提炼出来的设计概念细分和形象

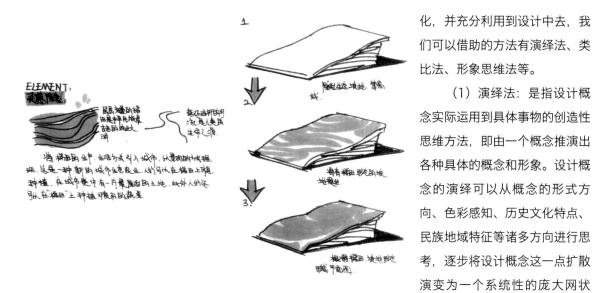

化，并充分利用到设计中去，我们可以借助的方法有演绎法、类比法、形象思维法等。

（1）演绎法：是指设计概念实际运用到具体事物的创造性思维方法，即由一个概念推演出各种具体的概念和形象。设计概念的演绎可以从概念的形式方向、色彩感知、历史文化特点、民族地域特征等诸多方向进行思考，逐步将设计概念这一点扩散演变为一个系统性的庞大网状思维。形象演绎的深度和广度直接决定了设计概念利用得充分与否。（图 4.10）

（2）类比法：是通过对设计概念的深刻认识衍生出创造性形象的设计方法。我们除了需要理性的思考分析，还应该借助于图示思维和图解法，通过集思广益的形态结构组合研究，将设计

图 4.10 设计概念演绎法

图 4.11 类比法

创意很好地转化成设计图形。（图 4.11）

（3）形象思维法：快题设计要求的成果形式必须用图示化的表现来体现设计构思，形象思维法是指设计时通过形象思维来处理好图面上的问题，并将创意和概念融入设计中，形成具体的形象展示和思维过程展示。对于大多数人而言，形象思维和图示表达能力往往比较弱，需要加强训练。（图 4.12）

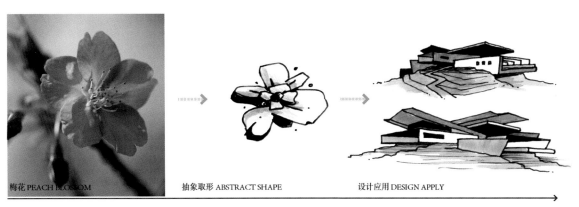

梅花 PEACH BLOSSOM　　　　抽象取形 ABSTRACT SHAPE　　　　设计应用 DESIGN APPLY

图 4.12 形象思维

## 4.4 园林景观快题设计的平面规划

### 4.4.1 功能空间的平面组合方式

在快题考试中，平面图所占的分值接近一半，它直接反映出绘图者的方案设计能力。因此，在功能空间平面的选择上应从给定场地的环境入手，选用适宜的平面布局模式，尽量采用自己擅长的平面组合方式，并将其运用于场地设计中。功能空间的平面组合方式多种多样，常见的有：网状平面组合（棋盘式）、轴线式平面组合（线状平面布局）、放射式平面组合（中心辐射平面布局）、自由式平面组合。

（1）网状式平面组合：以固定的长度为单位，以东西向为横轴、南北向为纵轴，按照一定的数量阵列而形成的平面图组合方式，因为它每一块的面积基本相似，所以也叫做棋盘式布局，它的优点是地块之间的关系明晰，方向和功能的识别和使用都很简单；缺点是比较机械呆板，缺少变化和亲切感，比较适合于需要与周边场地联系密切的设计内容，如商业广场、休闲街头绿地、交通岛等。（图 4.13）

（2）轴线式平面组合：根据建筑的主要出入口、场地内重要的景观特征和人流交通的主要线路来确定一条主要的线形空间，作为设计的主线，将各个节点按照一定的节奏布置在这个主线上，形成一个序列的展示关系的布局方式，这种景观轴线式的平面布局方式能突出重点，使整个布局主次分明，有明确的方向性，多适合于半开放和场地本身为条状的空间，如校园主入口广场、市政广场等。（图 4.14）

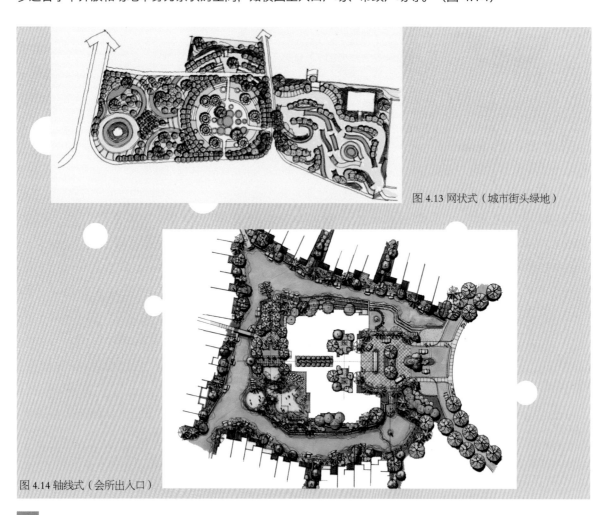

图 4.13 网状式（城市街头绿地）

图 4.14 轴线式（会所出入口）

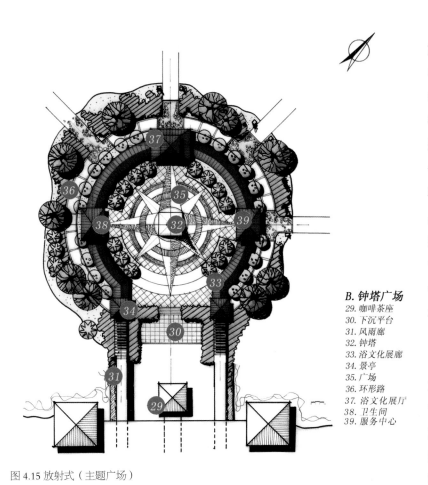

B. 钟塔广场
29. 咖啡茶座
30. 下沉平台
31. 风雨廊
32. 钟塔
33. 浴文化展廊
34. 景亭
35. 广场
36. 环形路
37. 浴文化展厅
38. 卫生间
39. 服务中心

图 4.15 放射式（主题广场）

（3）放射式平面组合：放射式的平面组合是以一个中心（如高大的喷泉、雕塑等标志性景观）为放射点，有规律和节奏地向四周递增、递减或均匀排布的组合方式，也叫中心辐射平面布局。这种平面组合方式的特点是：具有非常明确的导向性和空间的聚集性，但这种空间组合形式容易受到场地的局限，多适用于纪念广场和主题广场空间。（图 4.15）

（4）自由式平面组合：自由式是属于没有固定构图方法的综合型平面布置形式，它以设计师的独特构思和创意为主导，更加注重人在空间中的体验和感受，适用于面积较小、形状不规则、功能要求较多的场地方案构图。它不仅能有效地规避前三种组合形式带来的弊端，而且能体现出设计师的创意思维，所以是快题设计考试中常用的平面组合方式。

### 4.4.2 景观平面规划的交通流线组织方式

景观平面图除了对功能节点进行有节奏的组织以外，更加需要清晰明确的交通流线组织，设计者应该根据功能布局和活动规律的需求，进行合理的组织和安排，做到如下几点：

（1）合理地组织人流和车流的关系（图 4.16）

车流和人流是场地内进行活动的两种流向系统，他们之间的关系若处理不当容易造成人车混流的互相干扰局面，根据它们之间相互干扰的情况，场地内的交通关系可以分为人车分流系统、人车混行系统和人车部分分流系统三种形式。在大量的人群集中活动的区域和景观保护的区域，应当设置人车分流系统，一些居住区多采用地下车库的形式将人车进行分流，如果实在是无法将人车完全分开的也需要尽量避免过多的混行和干扰，注意一些特殊用途的车辆（垃圾车、救护车、消防车等）应当单独设置行车道路和出入口。

道路要进行分级设置，不同的功能设置不同的道路等级和宽度，道路要注意回环和联通性，其中尽端路不要超过 120m，两条道路相接要注意相接部分的转弯半径，其中小车的转弯半径为 6m， 大车的转弯半径为 12m，同时要注意消防车道和消防扑救面与道路的结合。

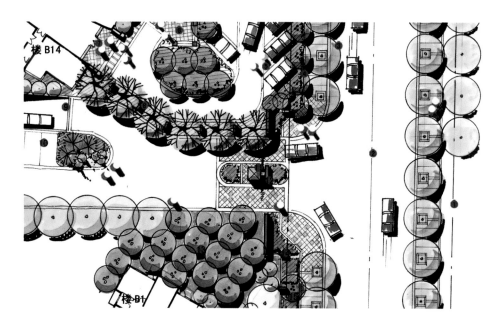

| ① 商业街 | ⑨ 地下车库出入口 |
|---|---|
| ② 市政道路 | ⑩ 访客停车位 |
| ③ 行道树 | ⑪ 警卫亭 |
| ④ 绿化带 | ⑫ 标志墙 |
| ⑤ 停车场 | ⑬ 入口种植 |
| ⑥ 休闲空间 | ⑭ 社区围墙 |
| ⑦ 商业入口 | ⑮ 规则式种植 |
| ⑧ 社区围墙以广告玻璃板分隔 | |

图 4.16 出入口的人车关系

### （2）对人流进行合理的规划（图 4.17）

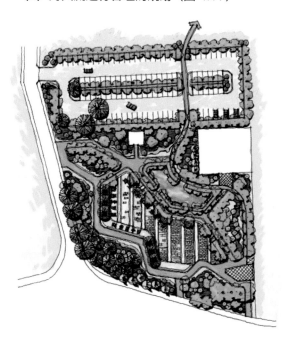

图 4.17 对人流进行合理的规划

①人流的规划首先是处理好人流与城市道路的关系：比如人流量大的区域应该与城市道路有至少一个面相连，且城市道路应该有足够的宽度，以保障人流进行疏散时不会影响城市交通。

②人流应该留有足够的集散场地：人流量大的建筑物主入口前都要预留足够的集散场地，场地大小要严格按照建筑物的使用性质和人数来确定，场地内必须配备相应的停车位，绿化的设置不能影响集散场地的使用。

③人流的导向要符合集散的规律：人的集散分为长时间流量和瞬间流量，有一些商业广场、客运中心等场地长年人流量都很大，设置人流导向时我们可以将建筑物的出入口流线分开引导，避免交叉和相互影响；而对于电影院、体育中心这种瞬间流量很大的场所，除了要将建

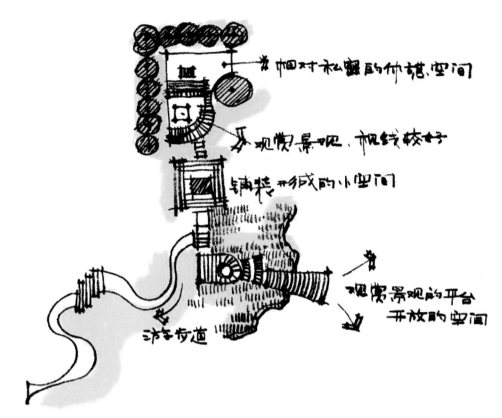

图 4.18（1）道路的组织与景观视线结合

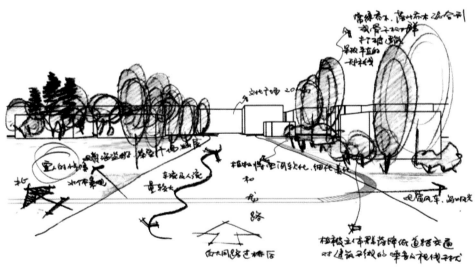

图 4.18（2）道路的组织与景观视线结合

筑出入口分开设置以外，对于出入口应该布置足够的数量和不同的方向，能尽快地疏散人流，进行合理引导。

（3）场地出入口的布置应当合理

场地虽然需要与外界有便捷的交通联系，但要注意出入口的设置对人流的引导作用，尽可能减少对城市的干扰，比如根据规定人口密集的场地应该设置至少两个不同方向的出入口与城市道路相连，但主要出入口应该避免与城市主要干道的交叉口直接相连，如果必须要开口，出入口与城市道路交叉口要有一定的距离。出入口一般是一个主入口多个次入口，具体设计原则要根据相关规范来设计。

（4）道路交通的组织要与景观视线结合

一些重要的中心景观区域往往是我们视觉的中心点，在这种区域我们应该留有开敞的视线空间和能到达进行近距离观赏的道路交通，而对于一些需要遮蔽的区域，如垃圾站、采光井、建筑边角等位置不需要人流达到的区域，尽可能不要将人流引导过去，而采取封闭处理。

除了对欣赏和游览的流线进行组织外，我们也要结合视觉尺度与景观展现的频率、视线和特征性来设计道路流线，丰富人们对景观设计的感知和视觉趣味。（图4.18）

## 4.5 园林景观快题设计的竖向设计

竖向设计是为了满足道路交通、组织场地排水、建筑布置和维护、塑造空间、组织视线、改善调节局部气候、丰富游人体验的综合要求，对自然地形进行利用和改造的过程。而快题考试设计中对竖向设计的要求更多的是强调在竖向上的处理手法，不要求非常精确地进行计算，只需要体现出场地的整体高差特征、建筑物室内外场地的衔接关系、景观构架与周边场地的关系等内容即可。

### 4.5.1 竖向设计的原则

（1）合理地利用现有的地形地貌特征，避免大的土方量。

（2）科学地制定场地内的控制高程、场地的适宜坡度，并符合相关设计规范。

（3）处理好场地内的高程与周边外部环境的高程的衔接问题。

（4）准确地把握垂直序列上的立体造型和形态设计。

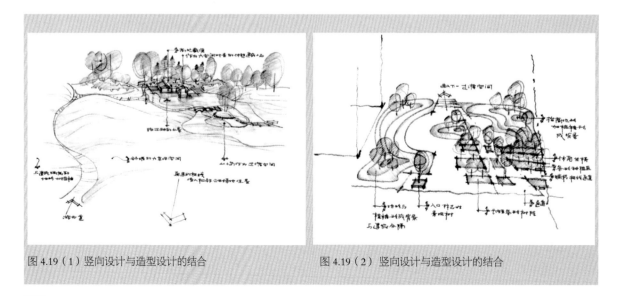

图4.19（1）竖向设计与造型设计的结合　　　　　　图4.19（2）竖向设计与造型设计的结合

（5）注意平面和竖向上物体的比例尺度关系，并注意人的尺度关系和竖向空间感受。

（6）当一些场地以地形作为整个场地的特色景观主题时，应该注意场地的竖向设计与造型设计的结合。（图4.19）

### 4.5.2 常见的竖向高差处理方式

（1）相对较小的场地高差处理方式

①台阶：注意10级左右要设立转换平台，室外台阶的尺寸为h：30cm；l：15cm。总图上注意台阶要经过准确的计算，并标明高差关系。（图4.20）

图4.20（1）台阶的高差处理方式

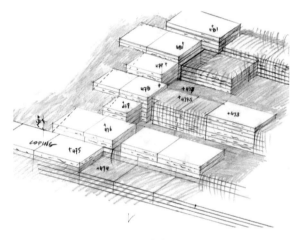

图4.20（2）台阶的高差处理方式

②坡道、缓坡：注意室外最大斜率为1/12，长度不宜超过10米，需要单独或者结合台阶做无障碍设计。

③台地：应结合花池、跌水、特色挡土墙等进行设计，形成丰富的感受。（图4.21）

（2）相对较大的场地高差处理方式

①室外电梯：主要运用于场地比较局促且高差较大，无法通过放坡、室外楼梯实现道路联通的区域，如居住区大门口、商场门口等，但其后期维护成本较高，一般不建议采用。

②架空楼梯：主要运用于场地局促的竖向交通，一般相对高差不宜过大。

③蹬道：通过连续的楼梯将场地进行连接的一种最常用的方式。

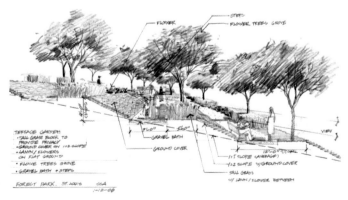

图4.21 台地的高差处理方式

## 5.1 园林景观快题设计的成果内容

　　快题设计在表现上与速写有很多相似之处，但在成果上却有所不同。快题设计一般强调的都是有设计命题的构思和创意，这种创意不仅是对设计作品外部形态的原创表现成果，还必须包括对设计作品的内部结构进行分析记录。快题设计的成果表现要求简洁美观、明确精练，能恰如其分地体现奔放的思维活动。所以快题设计不仅是设计作品的创作草图，还应该加入图表、文字进行综合解释说明。

　　快题设计的成果一般包括以下两部分内容：文字内容（版面标题和设计说明）和图面内容（总平面图、平面分析图、立面图、透视效果图）。

### 5.1.1 快题设计的文字内容

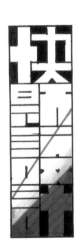

快题设计的文字内容分为两种类型：

（1）具有提示和引导功能的如标题、设计理念和主题等口号，需要抓住看图者的眼球，展示字体为了突出醒目吸引读者注意力，具有明显的风格化特点（图5.1）。封面的字体则应该根据实际情况设置，如标题内容的多少和长短，在整个图面所占的比例大小等，但是如果作为正文字体，因为缺乏相应的辨识度，不适合长时间阅读。

（2）篇幅较长的阅读性说明文字，因为要求规整易读，一般采用宋体、黑体、微软雅黑等常用字体，根据文本图面大小，排版里面 A3 纸张大小的

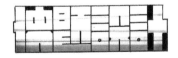

图 5.1 字体设计

正文部分一般用 12~14 号字，标题则用 18 号字体，注意，我们在制作快题设计的展板时，因为没有固定的图面大小，则应该通过打印预览和视图里的打印尺寸来观察字体在纸张上的实际大小，然后及时进行调整。

### 5.1.2 快题设计的图面内容

快题设计最终是以设计图面的最后效果体现出来的。在快题设计的图面中，设计师要表现出综合的素质，而这些素质是由图面的图示化信息表达出来的。快题的图面必然要包含这些要素才能成为完整的快题设计，一张引人入胜的图面是快题设计追求的目标。设计图的图面内容一般包括总平面图、平面分析图、立面图、透视效果图。

## 5.2 园林景观快题设计的平面图表达

在快题设计中，因为场地的功能划分、空间布局、景观特点都在平面图中得到反映，所以总平面图是非常重要的一个部分。平面图是专业设计者最常用的设计表现图。平面图反映设计中的空间关系、交通关系、植被、水体、地形等。平面图是对象在平面上的垂直投影，它可以表示物体的尺寸、形状、色彩、高度、光线及物体间的距离。绘制平面图就是将设计在场地上各种不同元素的详细位置及大小标示于图面上，如道路、山石、水体、地形、墙、植物材料、建筑物、构筑物等，用来表达设计元素之间的关系（图 5.2）。

在平面图上我们根据不同的内容来区分线宽和添加阴影，来清楚地呈现竖向要素。老师在评价设计方案和修改方案图时也多从总平面图开始，通过审视功能与形式的关系来确定方案的好坏和合理与否。对于设计者而言，从平面图在快题设计方案的图纸上占最大的面积、最重要的位置，可以看出平面图非常重要，它的设计和表现的好坏直接影响到最终成果。

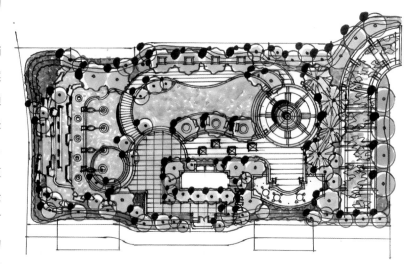

图 5.2 快题设计的平面表达

### 5.2.1 园林景观快题设计平面图的表达要素

绘制平面图时应该清晰明了地突出设计意图，要注意以下几个方面：

（1）平面图要选用合适的图例来体现设计元素

在进行设计和表现时，为了将绘制的形状、线宽、颜色以及明暗关系能进行合理的安排，所选的图例不仅需美观简洁，还要能体现总体功能布局和结构的合理性。（图 5.3）

（2）平面图的表现也要层次分明，体现画面的立体感

平面图的信息量很大，需要用不同粗细的笔来区分主要的建筑、构筑物、道路、小品等不同的内容，

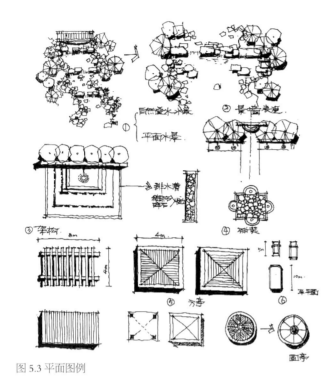

图 5.3 平面图例

来形成不同的层次。平面图是从空中俯瞰场地的正投影图，在绘制时为了区分主从关系，我们不仅可以通过线的粗细、颜色的深浅和明暗来区分，还可以通过阴影以及上层元素遮挡下层元素来增加平面图表现中的立体感和层次感（图5.4），在画阴影时要注意方向一致（一般采用斜45度角）。

（3）平面图的表现要从整体进行把握，注意主次分明

在平面图中绘制中，为了突出重点和节约时间，其中重要的场地和元素要比较细致，而非重点的则用简洁明了的方式来绘制。比如一般总图上只要达到能区分出植物的大小体量（乔灌木）以及植物的基本属性（常绿落叶）的目的，不需要详细到具体的规格大小和树种的区分。（图5.5）

（4）平面图的表现要内容完整、表达规范，注意不要缺项

指北针、比例尺和相关的图例说明是平面图中必须绘制的符号化语言，要注意绘制是符合规范，才能让读者明白图面内容，一般场地应该是坐北朝南，即使倾斜也不宜超过45°。指北针应该选择明晰的图例样式，达到易于辨识的目的，在不确定的情况下，不要随意添加风向标，比例尺应采用常用的与图面大小相适应的比例尺度，如1：100、1：200、1：300、1：500等，且标注方法要正确统一。（图5.6）

（5）平面图的表现注意色彩对画面的层次表达和细节体现

在上色过程中一般可以用马克笔将不同的材质固有色进行体现，然后用光影效果的变化来体现平面物体的体积感。在快题设计的考试中，色彩与形状一样是最主要的造型要素，因为色彩给人的感觉更加直观，所以图面应以色彩变化为主，通过不同轮廓图样和尺度大小来区分树种，对少数孤植树才需要进行重点绘制，

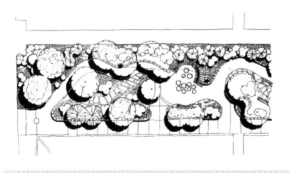

图 5.4 立体感强的平面图

图 5.5 景观平面图主题突出

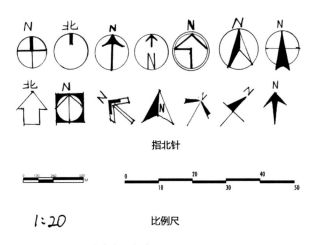

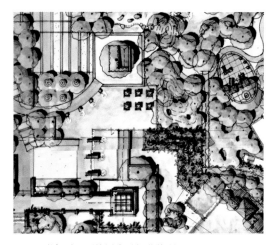

图 5.6 平面图的标注内容及方式　　　　　　　　　　　　　　　图 5.7 彩色平面图的层次及细节体现

从而实现从整体把握，主次分明的画面效果。（图 5.7）

### 5.2.2 园林景观快题设计平面图的绘制方法与步骤

景观手绘平面图的绘制是在定线的阶段将设计意图变成黑白线稿，是设计过程的第一步。平面布置图是我们考察分析和设计后的成果，我们需要对场地空间环境和其他因素进行考察分析，完成整体的平面布置设计，这一阶段包括以下几个步骤：

（1）设计者解读基础条件图并在脑中理清设计方案，确定物体在场地中的基本方位和整体绘图的比例尺度，明确建筑出入口、道路关系、景观构筑物、场地及铺装、植物空间等内容设置的基本情况。

（2）根据基础条件图进行建筑定位，将建筑及主要道路描绘出来，明确空间轴线，进行景观方案的设计，依据轴线绘制构筑物及场地轮廓线，交代清楚各级道路走向、组团及小空间之间的关系。

（3）逐步细化，按照比例绘制各种花架、岗亭、景墙等景观构筑物，画出铺装收边线及铺装样式，特别注意对一些主要入口及景观节点的详细描述。

（4）分别用不同的图例加以区分各种类型的植物（如主景树、行道树、灌木、地被及草地），并加入水景、雕塑小品等其他设计元素。

（5）再通过投影的绘制来明确区分空间层次，做到布局均匀，黑白层次分明，线条肯定、流畅。

（6）标注说明性文字和相关尺寸数据。

（7）最后上色。

### 5.2.3 园林景观快题设计平面图的上色技巧

因为我们绘图多采用硫酸纸，因此要使用反面上色法，也就是在墨稿背面上色，这样不会使正面的线框图由于被马克笔涂抹而产生模糊和污染的现象。在反面上色，可以使色彩显得更均匀一致。此外，在反面上色也便于修改颜色和线框图，而且使得两种操作同时进行而不会相互产生影响。上色过程中注意以下内容：

（1）上色的基本原则是由浅入深，在作画过程中应时刻把整体原则，不要对局部过度着迷，忽略整体，

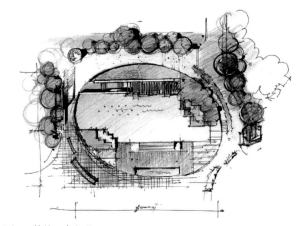

图 5.8 大面积的草坪和水面上色　　　　　　　图 5.9 整体上色细化

因此我先根据项目的色彩氛围选择合适的颜色来绘制大面积的色彩区域，如大面积的草坪和水面，草地快速用画圆圈的方式平涂，这样画出来的草地会更生动，并适当预留一些空隙不要涂满，用笔力求做到轻松自然。（图 5.8）

（2）接下来给树木上色，用不同的色彩表现不同的树种，注意色彩之间的对比和协调，各种的入口及广场的树木可采用明艳一些的色，以突出和强调这些空间。

（3）通过马克笔绿色同色系的运用，区分出背景树、行道树、灌木、地被等。例如用深浅绿色区分出小乔木和灌木，运笔同样要求轻松自然。（图 5.9）

（4）在着色的时候不断地修改不同的线稿，丰富图面，刻画调整，注意不要画得太细太实，颜色不宜过多，以大色调为主，画出大概色彩关系和层次即可。

（5）完成 60%~70% 着色后根据画面需要进行整体调整。对主要景观节点进行深入细致刻画，调整细节与画面关系，地面铺装上色个人习惯以浅黄色为主。重要乔木有冷暖及光影变化的要在色彩未干时过渡，同时加强投影强化立体感。（图 5.10）

（6）最后分别给木平台、水景、岗亭以及木制花架等其他部分上色，注意这些部分的选色一定要从整体的角度出发。它们也起着最后协调和平衡整体色彩关系的重要作用，也是最后修正画面效果的机会。

（图 5.11 至图 5.13 所示为平面图的优秀案例）

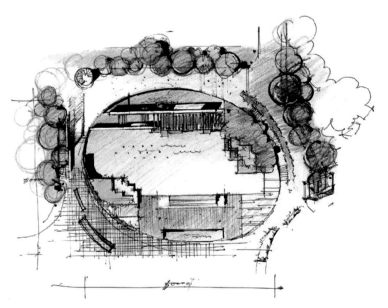

图 5.10 加强投影强化立体感

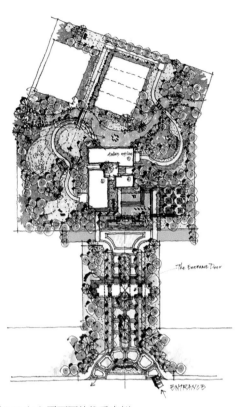

图 5.11（1）平面图的优秀案例

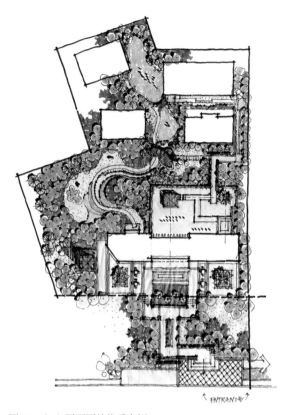

图 5.11（1）平面图的优秀案例

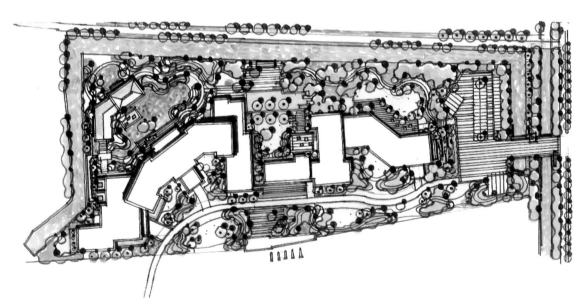

图 5.12（1）平面图的优秀案例

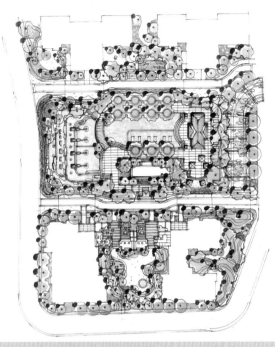

图 5.12（2）平面图的优秀案例

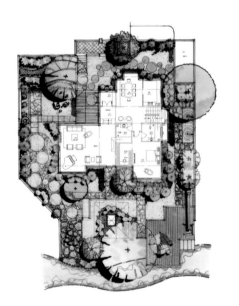

图 5.13（1）平面图的优秀案例　　　　　　　　图 5.13（2）平面图的优秀案例

## 5.3 园林景观快题设计的图解分析

### 5.3.1 园林景观快题设计图解分析图的分类

　　分析图通常用简单明了的符号来表达设计意图，直接地传达设计的思路过程，具有一目了然的特点。虽然它在快题设计中所占的比重比较小，但它能体现出我们前期对设计题目的分析，对场地的把握和基本的思维过程，通常我们会用一些草图和简练的符号来体现一些抽象的影响因素，如地形等高线、交通流线组织和分级、景观视线关系、景观节点的布局、场地与周边的关系渗透等内容。(图 5.14)

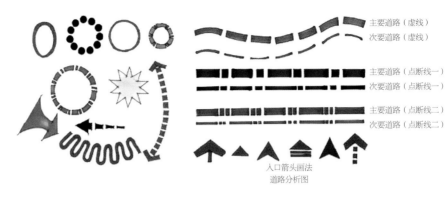

图 5.14 常用的分析图例

快题考试中的分析图对画面的准确性要求不高，只要表明主要的关系即可，绘图者需要另外绘制缩小的简易平面图，然后在缩小的平面图上叠加符号化的语言。需要注意的是，分析图的绘制要尽可能地醒目，图幅不用太大，避免画面空洞，色彩的饱和度要高，才能清晰、直观地将设计简洁扼要地展示出来。常用的图解分析内容有以下几种：

（1）功能分区图（图 5.15）

①功能分区图的作用：功能分区图是对现有场地的使用功能和人群提供一定的活动和服务空间，这些功能在场地内要通过交通串联起来，而且根据活动内容的动静区别要设置相应的区域，通过这个分区图来检验功能景观节点设置得是否合理。

②功能分区图的绘制方法：功能分区图是在平面图的基础上，用有一定宽度的实线或虚线线框简单地勾画出不同的功能区，功能区的形态可以采用不同的颜色的方形、圆形或不规则形，为了突出表达效果，

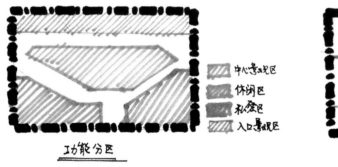

图 5.15 功能分区图

图 5.16 交通流线分析图

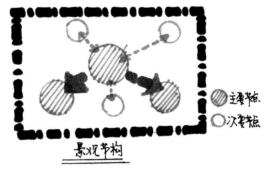

图 5.17 景观结构分析图

我们会在功能区的内部填充和线框一样的色彩，并给出相对应的图例，标注出各个分区的名称，如主入口展示区、儿童活动区、休闲活动区等。

（2）交通流线分析图（图5.16）

①交通分析图的作用：交通分析图主要表达出入口和各级道路彼此之间的流线关系，交通分析图中明确分清基地周边的主次道路、基地内的各级道路和交通组织及方向、集散广场和出入口的位置。

②交通分析图的绘制方法：在绘制时要用不同宽度和不同颜色的点画线或虚线标注出景观平面图中不同道路流线关系，注意道路的等级越高，线条越粗；场地和建筑出入口的位置要用箭头进行标注并配上相关文字；有配备停车位的要标明停车位的位置。

（3）景观结构分析图（图5.17）

①结构分析图的作用：结构分析图主要用于表达画面中主要景观元素（如出要出入口、轴线道路、重要景观节点、水面）之间的关系，通常用概括的语言来体现，如"几环、几轴、几中心""几带、几区、几节点"，用于梳理画面中整体布局的节奏关系。

②结构分析图的绘制方法：结构分析图在体现轴线关系时，可以用一定宽度的虚线或点画线来表示；出入口用箭头来表示，注意人行出入口和车行出入口要用不同的颜色开区分，时间允许的情况下也需要把主要出入口和次要出入口进行区分；主要道路用不同色彩的线条来表示，水系则用蓝色进行范围的填充，景观节点可以用各种圆形图例来体现，主要和次要景观节点可以通过圆圈大小和色彩来区分。

图5.18 植物分析图

（4）植物分析图（图5.18）

①植物分析图的作用：植物分析图主要是体现设计者的植物配置设计意图，在一些快题设计任务书中会要求将主要的植物品种和搭配进行标注，但在快题表现中我们主要在平面布置图中体现出总体的植物空间关系，很少具体到植物每一个品种和上中、下、层次的具体搭配，我们只需要将密林区、疏林草地区、阵列广场区、水生植物区几个主要的分区以及特色种植的大树进行标注即可。

②植物分析图的绘制方法：植物分析图的表达方法和功能分区图类似，不同的是：功能分区图相同性质的区域通常在相同的位置集中进行布置，而植物分析图中相同性质的区域很可能分散在园区的各个位置，我们只需要将主要的点表达清楚。

### 5.3.2 园林景观设计图解分析图的特征

园林景观设计图解分析图要求用简练的方式进行最直观的表达，因此需要有高度的概括性，必须能体现逻辑性、系统性和完整性。（图5.19）

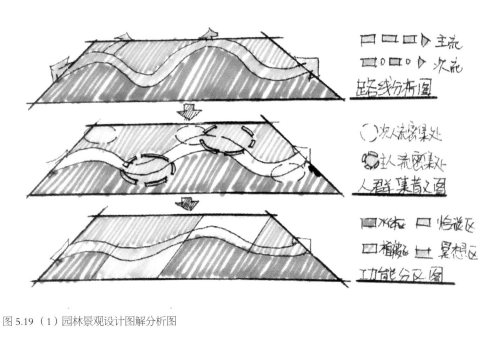

图 5.19（1）园林景观设计图解分析图

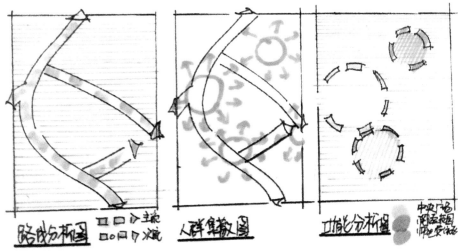

图 5.19（2）园林景观设计图解分析图

## 5.4 园林景观快题设计立面图与剖面图的表达

### 5.4.1 立面图与剖面图的概述

（1）立面图：设计物及其环境的垂直面投影图，常是观赏者在站立于物体正面所看到的画面。立面图主要用于表现重要景观节点中景观构架的立面形象特征、景观元素之间的相互关系、整个环境的植物空间层次等内容，一般适用于相对大的场景，根据场地的大小和图面所占大小，常用的比例为 1：200～1：500。

（2）剖面图：假设一块面包用刀垂直切开所看到的垂直面投影图，主要用于一些体现内部结构和构造方式的较小的局部设计，一般在快题设计中很少有单独地完全按照剖面做法进行详细绘制的图纸出现，而是结合立面对基本的做法进行概括性展示。

### 5.4.2 剖立面图面表达技巧

设计中理想的状态是平面图、立面图、剖面图同步进行、相互参照。虽然剖面图、立面图在整个图面中所占的比例非常小，但它的存在对于丰富设计语言和表达起到了至关重要的作用，在快题考试中，我们为了节约时间，平时要运用一些方法来加强练习。

（1）设计者应当对立面图、剖面图进行有针对性的练习，平时应该多收集一些常见单体和组合的剖面立面类型，比如驳岸常用的剖面方式图、道路横断面图、规则式水景池的做法剖面、亭子和廊架等构架的立面样式等，做到默记在心、活学活用，等考试时自然能驾轻就熟。

（2）立面图、剖面图主要体现物体的立面形态和相互之间的竖向高差关系，因此对于场地空间和物体的尺寸比例需要严格把控，但设计者在进行艺术创作时很容易忽略这一点，我们可以用一张白纸靠到剖切线的位置，将平面图中的位置进行标注，并标明物体内容，再将长度放大整数倍数来形成准确的物体宽度，通过铅笔打稿找好尺寸和大小关系，再在此基础上加入艺术的笔触和表现形态，使得画面更加准确。

（3）立面图、剖面图中应有 3 个以上的线宽等级，注意加粗地面线、剖面线，被剖到的建筑物和构筑物剖面一样要用粗线表示，一些构架和构筑物要用尺子来绘制，植物可以采用徒手绘制的方法来体现出生动感，植物的造型尽可能简洁，还可以采用夸张特征的艺术手法，但一定要注意手法的统一。

（4）立面图和剖面图上也应该有一些体现尺度和内容的文字标注，用来简要说明，可以加入对微小坡度的地形、高程、排水坡度的考虑，对于重要的元素宜加上标高，即使并不深入、点

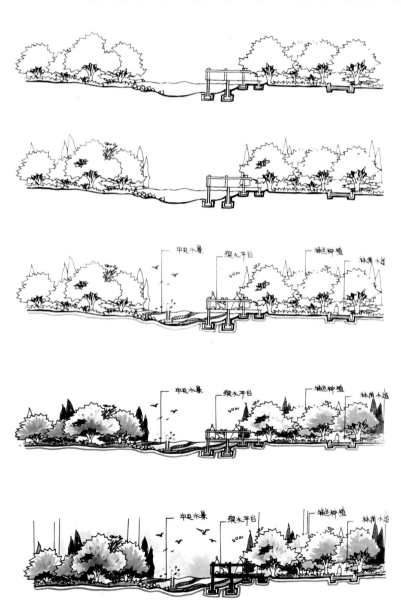

图 5.20 剖立面图的绘制过程

到为止，也能让阅卷人了解你的基本素养，反映出设计者对竖向有细致的考虑。

  （5）在快速设计中，立面图和剖面图所采用的色彩不必太多，以免杂乱，但要有虚实主次、明暗关系和前后层次。

  （图 5.20 所示为剖立面图的绘制过程）

### 5.4.3 剖立面图面表达评分标准

  园林景观快题设计中的剖立面图虽然不像在建筑设计中那么重要，但是对于空间安排和功能布局的竖向关系推敲有重要的辅助作用，优秀的剖立面图应该做到以下几点：

  （1）图面内容逻辑清晰，容易读懂；

  （2）图底分明，图纸内容主题突出；

  （3）画面内容完整，构图匀称，尺度得当；

  （4）图面绘制准确清晰，风格明快；

  （5）用色得体，重点明确，元素细节丰富；

  （6）图面特色鲜明，环境处理得体，富有感染力。

  （图 5.21 所示为剖立面图的优秀案例）

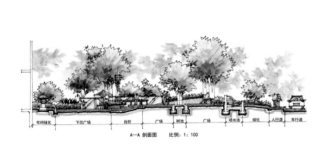

图 5.21（1）剖立面图的优秀案例

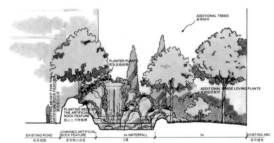

图 5.21（2）剖立面图的优秀案例

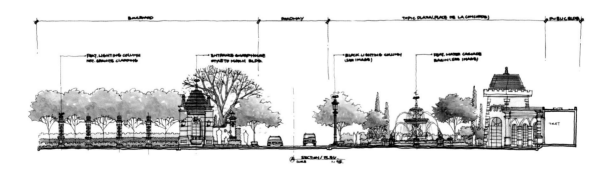

图 5.21（3）剖立面图的优秀案例

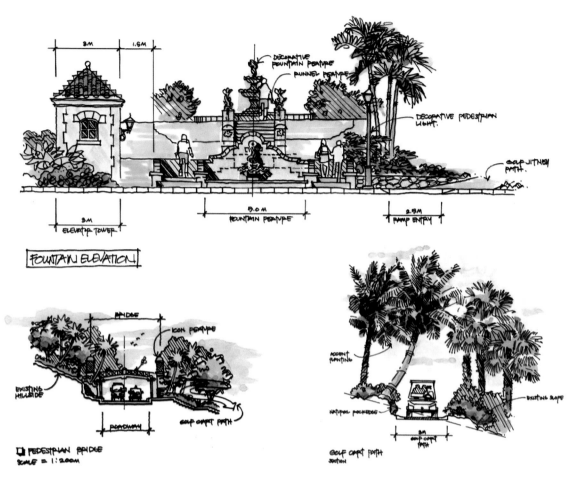

图 5.21（4）剖立面图的优秀案例

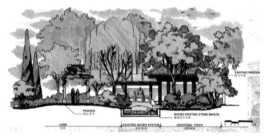

图 5.21（5）剖立面图的优秀案例

图 5.21（6）剖立面图的优秀案例

## 5.5 园林景观快题设计透视图的表达

因为透视图是在透视的缩放比、景深、虚实、构图等内容的基础上，来取得生动活泼的艺术效果，与轴测图、总平面图相比，透视图具有更大的主观能动性和自主性，好的透视图不仅能真实地反映设计意图，还能给人提供特色环境氛围，所以透视图是最能体现考生基本功底和设计素养的设计内容，需要加强练习。

### 5.5.1 透视图的分类

透视图的种类很多，按照视点的高度分为人视和鸟瞰两种；按照主要元素与画面的关系分为一点透视、

两点透视和三点透视；按照表现
的主体的特征分为建筑式的透视
和景观式透视。如果画面元素与
空间形态比较规则，图面中有明
显的灭线和灭点，即为建筑式的
透视；如果画面仅靠前后层次和
近大远小的关系来体现空间深度，
则是自然景观式透视，不同的透
视图也各有不同的画法。

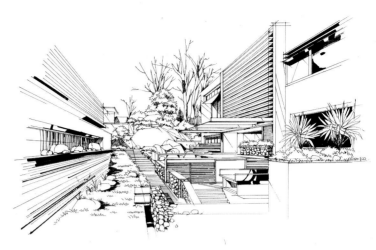

图 5.22 纵深式透视效果图线稿（作者：贺亚强）

　　在透视图的绘制过程中，由于
画面虚实空间的不同和元素布置的
差别，同一个场地会有完全不同的
透视效果，因此在画透视图前首先
要确定好视点的位置和视线的方向。接下来我们以人视透视为例，来介绍透视图的不同构图类型以及注意
事项，加强对透视图的理解。

　　（1）纵深式（图 5.22）

　　这种透视图的基本特征是：从图上能清楚地看出明显的灭点和消失线，此类型的透视图画面中，空间
在纵深方向的遮挡比较少，设计元素近大远小的变化关系也非常连贯，画面中景物常用视线较为通透、贯
通感很强的空间，如道路和溪流等作为主景，有引导人前进和穿越的纵深感，因此常用于规则的轴线空间
和几何形实体空间的表达。在进行这种类型透视图的绘制中，绘图者要准确地体现透视的参考线和灭点的
位置，否则画面的效果会出现非常明显的失真。

　　（2）平远式（图 5.23）

　　这种透视空间的几何感相对较差，画面的景深主要通过前后元素的遮挡、掩映来突出横向的延展和开阔
性，因而常用于表现自然空间，以及画面的中景为开阔空间的场地。绘制这种透视图应根据感觉大致估计
设计元素的体量和大小，那些与画面平行的景观元素以及背景建筑和场景，我们一般只表现立面形态，在
绘制过程中，也需要注意把握好设计元素的相对位置和体量对比关系。

图 5.23 平远式透视图线稿

图 5.24 斜向式透视图线稿（作者：贺亚强）

（3）斜向式（图5.24）

这种透视图因为图上主要设计元素是斜向的直线、折线或弧线，比如滨水岸线和道路，它们充满了动感的指引性，没有非常明确的透视线，但绘制时如果构图不当，就会出现明显的失衡。因此在绘制时我们应该根据透视参考首先确定出前后几个关键点的位置，再将几个关键点连接起来，才能形成准确的整体关系，但如果是曲线，我们连接的时候线条要平滑并没有明显的接口，再依次画上配景元素。

### 5.5.2 透视图的表现技法要点

（1）绘制前首先要考虑透视图的图幅大小。

设计表现需要刻画到什么程度、绘图完成的时间、该图在整张表现图中所占的比重，都决定了画面图幅的大小，同时画面的长宽比也会影响到所表达的内容，常见的长宽比有以下3种形式：

①高度远大于长度，常用于表现柱廊、高大乔木下的林荫路等。（图5.25）

②长度远大于高度，类似于摄影中的广角镜头效果，适合表达滨水岸带、开阔的场地和完整的建筑组群立面。（图5.26）

③长宽比为3：2，这种比例的图幅接近人的清晰视域范围，是常用的透视图图幅比例。（图5.27）

（2）绘制透视图时可先采用小幅草图来推敲整体的构图方式、空间层次、明暗关系、前景中景和后景的关系，这样在选择视点位置、视线方向以及画面构图时就可以抓住重点，节约时间。（图5.28）

（3）画透视图前先要选择好视角，包括视点的位置和视线的方向两个方面，但大部分绘图者都不太擅长画透视图，要注意对下面几个问题的把握：

图5.25 高大乔木下的林荫路

图5.26 建筑组群立面

图5.27 人视图图幅

①视点的高低应该与画面的属性一致，如果是人视图，那么图上大部分人的视点都应该在视平线上，画面才能取得较好的透视感。

②主要元素的空间尺度应该与透视关系相呼应。

③一点透视中灭点位置应该不要在画面的正中心，应该有一定的偏离和侧重，才不会出现画面呆板，而取得较好的画面效果。

④配景元素应该控制画面中的位置和个体的详略程度，才能达到丰富画面的效果。

（4）透视图作为展示方案的独特之处的表达方式，应该达到展现设计亮点的作用，但在快题设计考试时，因为受到时间限制和个人能力水平的高低，为了获取理想的成绩，绘

图 5.28 小幅透视空间草图

图者在总平面设计元素的组织和选取时，就要选取自己擅长表现透视关系的设计内容，虽然会在一定程度上限制设计思维，但随着方案的推进，透视图能随时表达出场地的空间特征。

（图 5.29 所示为透视图的优秀案例）

图 5.29（1）　透视图的优秀案例（作者：贺亚强）

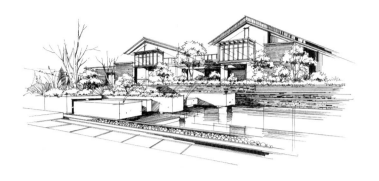

图 5.29（2）透视图的优秀案例
（作者：贺亚强）

图 5.29（3）透视图的优秀案例
（作者：贺亚强）

黑白线稿　作者：贺亚强

图 5.29（4）透视图的优秀案例
（作者：贺亚强）

上色作品　作者：贺亚强

图 5.29（5）透视图的优秀案例　　图 5.29（6）透视图的优秀案例

图 5.29（7）透视图的优秀案例（作者：贺亚强）

图 5.30 小鸟瞰图

图 5.31 全景鸟瞰图

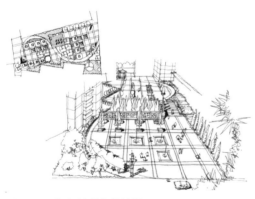

图 5.32 从平面到立体化的过程

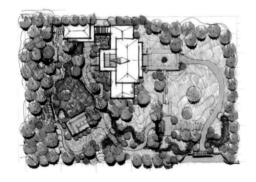

图 5.33 分析平面图

### 5.5.3 园林景观快题设计鸟瞰图的画法

鸟瞰透视图也属于两点透视，是视线的高度比较高，从空中俯瞰的效果，根据视线的高度和表现场景大大小小分为小鸟瞰图和全景鸟瞰图。小鸟瞰常用来表现重要景观节点的空间关系（图 5.30），全景鸟瞰图主要用于体现整个场地与建筑或者周边环境的空间关系和景观轴线走向，它的透视原则与两点透视一样，都要体现出近大远小的关系，但因为它要具备一定的专业素养，且表现难度较大，所以对于初学者来说有一定的难度，需要进行针对性的练习。（图 5.31）

鸟瞰图的画法：鸟瞰图的画法首先是将平面图根据视线选取的位置和方向，转移到鸟瞰图的底盘上，再将底盘上的平面内容立起高度（如建筑构架、植物等），在立起高度过程中注意视线的透视变化和物体的高低层次搭配，实现从平面转化到立体的过程，并在这个过程中将物体细节进行美化处理。（图 5.32）

（1）对平面图进行分析

先要对要体现的内容选取一个观看的角度，在选取适合的角度时我们要分平面图中的内容，图中主要想要体现的是什么内容？有什么空间特色？大体的植物空间关系如何？在哪个角度能把主要景观进行较好的展现，而且不会对绘图者造成很大的难度？（图 5.33）

（2）运用简单草图分析，进行透视定位

根据平面图拉伸空间必须先确定景观元素对应的位置和地面的透视关系，再考虑植物，我们可以运用草图简单地分析透视角度在底图上形成的透视效果，选取自己认为最合适的角度。（图 5.34）

（3）鸟瞰两点透视图绘制

①在纸面最上的边缘处轻轻勾画出视平线：视平线的位置根据要绘制平面的大小来确定，灭点则选在纸面的两端部分。（图 5.35）

②对道路、构筑物在地面进行定位：根据大致的比例对道路、构筑物进行定位，并画出硬质景观的基本透视关系。（图 5.36）

③确定构筑物的高度：构筑物高度的比例要根据

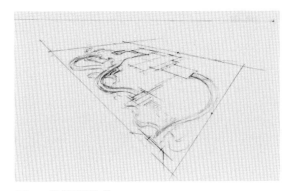

图 5.34 进行透视定位

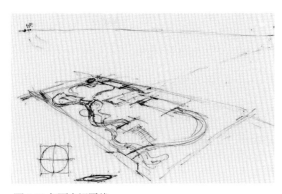

图 5.35 勾画出视平线

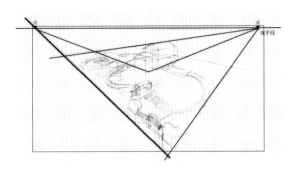

图 5.36 对构筑物进行定位

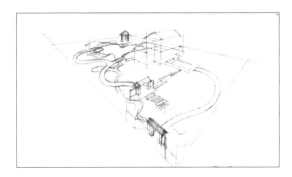

图 5.37 确定构筑物的高度

图 5.38 添加植物

图 5.39 确定构筑物

发生透视变化后的地面投影比例来进行拉伸确定，确定一个主要构筑物的高度以后，其他物体的高度比例就以这个构筑物作为参照，要注意协调高度与地平面之间的比例关系。（图 5.37）

　　④添加植物：在绘制鸟瞰图时植物可以不用严格地根据平面图植物的配置进行种植，我们可以根据构图的需要，参照平面图植物组合关系进行大致空间体现和高度控制。（图 5.38）

　　（4）确定线稿

　　①确定构筑物（图 5.39）：在用铅笔打好线稿的基本图样以后，用黑色绘图笔对构筑物进行绘制，注意如果植物在前面有一定的遮挡需要提早预留出位置，注意表现构筑物的线条都要准确，尤其是垂直和透视关系，不然这个画面就会变形。

　　②画植物（图 5.40）：植物是画面中非常重要的元素，鸟瞰图中的植物的树干几乎看不见，所以我们

在构筑物与地面接触的地方，用植物进行锐化。

图 5.40 画植物　　　　　　　　　　　　　　图 5.41 分植物物种、刻画不同地面材质

图 5.42 深入刻画

主要表现植物树冠所形态组成的群落关系，其中重要中心景观的植物空间不能把构筑物遮挡太多，又要通过树形的变化来丰富中心景观，注意要根据光影关系对植物的投影进行刻画，注意植物的虚实变化一定要过渡自然。

③分植物物种、刻画不同地面材质（图5.41）：大面积的草地用点的组合方式来表现，水面的处理只能用构筑物的投影方式来体现，局部有跌水和喷泉的地方，可以用线条的明暗和后期上色来体现，为了使画面生动、有活力，我们应当适当增加人物等配景元素的刻画。

④深入刻画硬质景观元素的细节特点及材质纹理，注意主次关系处理。（图5.42）

（5）整体上色和刻画

上色先从最大面积的中心景观区域开始，由浅入深才能便于控制整个画面的色彩，一般是草地和水面，然后是近景、中景大块面的植物，然后是远景天空和植物，将整体色调进行控制以后再对硬质景观进行整体上色。

刻画包括植物的细节，主要是特型树和开花植物，硬质景观刻画主要针对体现材质特点及环境色，刻画时注意颜色之间的明暗关系对比和整个画面的协调统一关系，通过深入的刻画，让画面层次更加丰富。

（6）最终调整画面的整体关系

通过加深投影等暗色来突出明暗对比，注意暗色尽可能控制量，不能太多，加强投影的细节刻画，并确保方向的一致性。

## 5.6 园林景观快题设计的排版技巧

快题设计不仅测试的是设计者的绘图能力和设计表现能力，更强调的是设计者全面操作的综合能力，在短短的时间内如何将设计意图很好地展现和安排在同一张纸上，因此我们要对版面设计和布局十分注意，

好的版面设计往往是与要表现的设计内容高度契合，画面既和谐又具有冲击力，做到了饱满、规整、均衡等特点。

### 5.6.1 园林景观快题设计的字体

（1）字体的分类

快题设计中非常重要的版面内容就是字体的设计，不同的字体适合不同的功能需求。

● 展示体：展示体具有明显的风格化特征，能够吸引读者的注意力，但作为排正文缺乏应有的清晰度，或者不适合长时间阅读。（图 5.43）

● 正文体：正文体是指文本编排正文部分，一般用宋体、微软雅黑、黑体。

● 艺术及变形字体：根据你想要表达的方式和自己的创意更改字体的形式。

（2）字体的排列形式

正文横排可以用扁体，竖排用长体；横排用长体、竖排用扁体会影响阅读的顺畅。

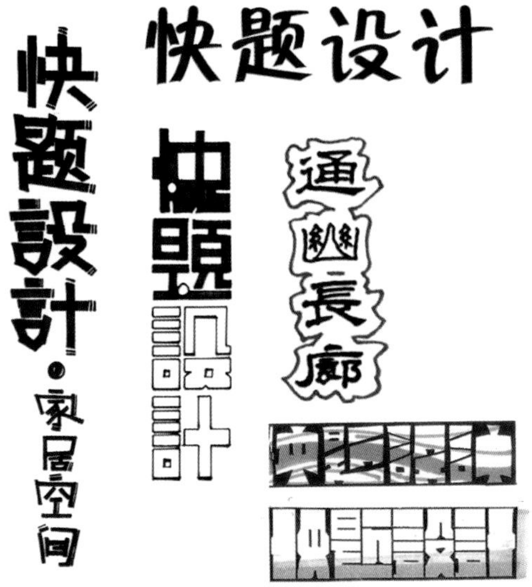

图 5.43 展示字（作者：张玲）

（3）字符字号

文本编排里面正文一般用 12~14 号字，标题用 18 号的样子，封面字体根据实际情况设置，通过打印

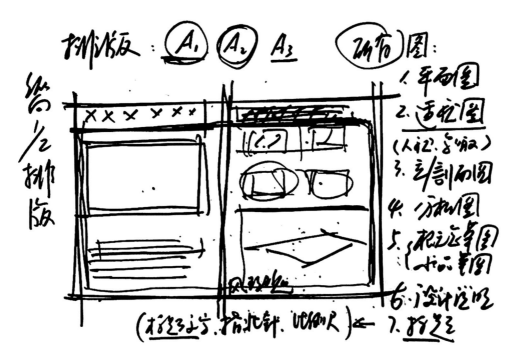

图 5.44 排版构图

尺寸我们能看到字体打印在纸张上的实际大小。

### 5.6.2 园林景观快题设计的常用的排版技巧

（1）四边留白：就是沿图纸的四边向内预留出一定的白边，所有的图面内容都在边线范围内，留白的宽度根据图面的密度决定，密者窄、疏者宽，通常保证至少在 1~2 厘米左右，留白的边线也可以用深色马克笔勾线，形成一个规整的外框。

（2）实角、齐边、虚中：图纸首先占据四角，然后沿边线排布，尽量避免位于图纸正中央，在均匀排布的前提下，四周密度略大于中央时易于形成反正规整的感觉，而图纸中央密集则容易形成争抢视线焦点的感觉，图纸中央分散则会削弱规整周边的表现力度，使得整体构图失去平衡与稳定感。

（3）图形对齐：两个以上的图形上下或者左右的位置基本接近时应该做到完全对齐，以体现规整，如果图面要有意形成错落感，则应该明显错开对等的距离，避免产生接近又不对齐的杂乱感。

（4）下重上轻：线条密集的图形应该位于线条稀疏的图形之下，图形外轮廓方正的图应该位于外形起伏，动势丰富者之下，立面线条较少且有起伏的天际轮廓线的图应该位于上方，且留出足够的空间来抒发其动势。

在排版构图中应该放松心态，确定制作过程中哪些需要强化体现，哪些需要弱化，这样不但布局图面有了一定的依据，也为后续制作图样的主次关系进行了合理的安排。（图 5.44）

### 5.6.3 园林景观快题设计的优秀作品展示（图 5.45）

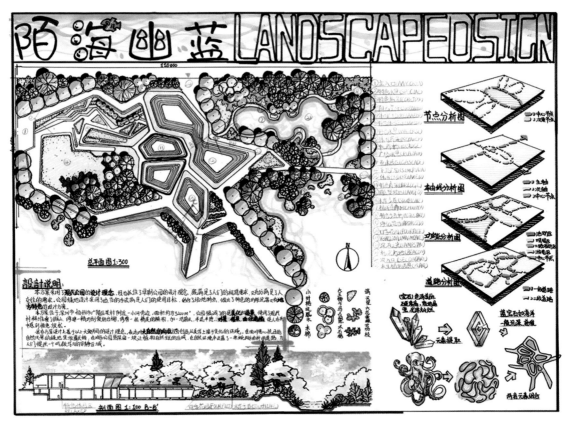

图 5.45（1）园林景观快题设计的优秀作品展示（黄帽作品 - 幸思衍）

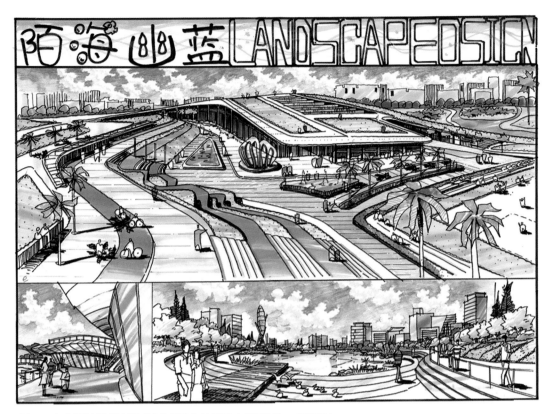

图 5.45（2）园林景观快题设计的优秀作品展示（黄帽作品 – 幸思衍）

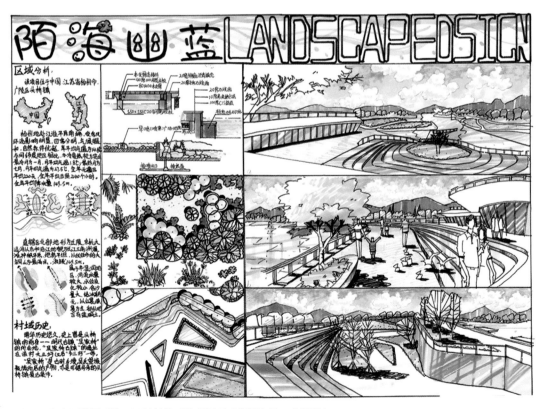

图 5.45（3）园林景观快题设计的优秀作品展示（黄帽作品 – 幸思衍）

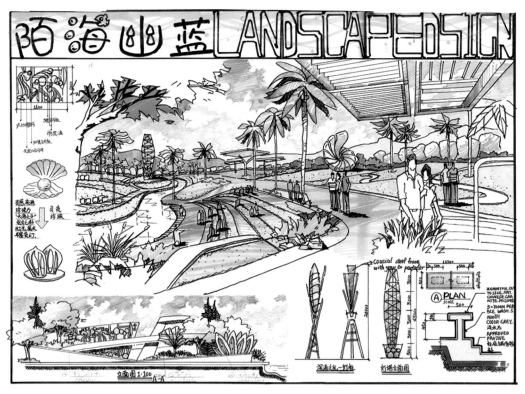

图 5.45（4）园林景观快题设计的优秀作品展示（黄帽作品 - 幸思衍）

图 5.45（5）园林景观快题设计的优秀作品展示（袁豪英）

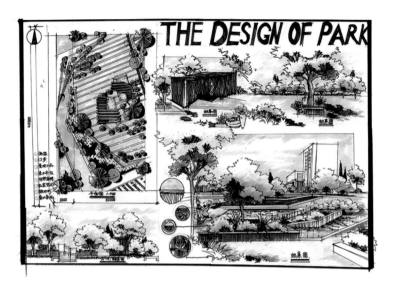

图 5.45（6）园林景观快题设计的优秀作品展示（袁豪英）

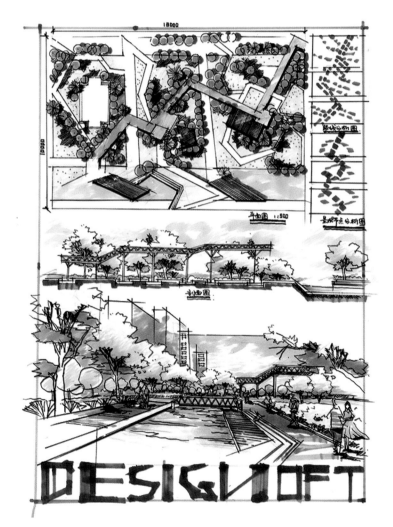

图 5.45（7）园林景观快题设计的优秀作品展示（袁豪英）

## 第6章　园林景观快题设计的应试策略

园林景观快题设计考试中，需要应试者有较强的心理素质、活跃的思维、清晰的思路、合理的时间安排、取舍轻重的决断力和较强的表现方案的能力，才能获得高分。想要在快题设计中获得较好的成绩，需要我们掌握有效的设计方法，打破常规设计的方式与思维定势，关键是抓住全局的主要矛盾，从空间布局、交通流线组织、功能布局、景点设置等大方向入手，不需要将过多的精力浪费在细节处理上，以理性的态度来进行理智的选择，最终实现达到要求的设计成果。

### 6.1 园林景观快题设计的实施步骤

在园林景观快题设计实施以前我们先要对任务书进行分析，然后拟定出要表达的框架，对图面的版面进行内容规划，然后再开展具体的绘制工作，具体绘制程序如下：

（1）设计分析与构思；

（2）概念设计；

（3）平面功能配置；

（4）分区流线规划；

（5）平面图绘制；

（6）竖向设计及剖面图、立面图绘制；

（7）透视图绘制；

（8）整体检查与复核。

### 6.2 园林景观快题设计的时间分配

园林景观快题设计受到很具体的时间限制，在绘制中一定要科学地分配时间，并制订好相应的计划安排，确保主要图纸的绘制完成时间，通常有 3~4 小时和 6~8 小时的考试时间，设计构思的时间只能占 40%，而画图的时间必须留够 60%，这 60% 还要进行细分，要细分到每个部分，如平面图占 20%，立面图、剖面图占 15%，透视效果图占 20%，分析图占 5%，在画图过程中注意要按照前期准备好的版面进行大小放置，因为个人的水平和题目要求有一定的差异，可以进行适当调整，但要注意任务书中所提到的内容一定不能缺项。

### 6.3 园林景观快题设计的检查与复核

园林景观快题设计的检查与复核非常关键，是对卷面修改和补漏的过程，因为所有的工作时在短时间内同时完成，难免有一些错误和疏漏，这样检查和复核就显得非常重要，我们检查和复核的内容有：

（1）平面图的规范性：平面图的规范性主要体现在比例尺度是否得当、相应的指标是否进行了图面标注、图面的图例是否严谨、必需的材料和工艺体现有没有标注。

（2）立面图和剖面图的对应性：立面图和剖面图与平面图对应的剖切位置是否标注清楚，相对应的关系是否一致、物体的尺寸标高是否将场地关系表达清楚、物体前后的阴影关系是否明晰。

（3）透视图的表现：视点的位置和方向是否在平面图中表明，人的尺度和周边环境的比例关系是否得当、图面的阴影关系是否统一。

## 6.4 园林景观快题设计的成功之道

快题设计是设计者在短时间内表现出解决主要问题与矛盾的能力，是作者的灵感闪现。在快题设计中，我们首先要抓住事物的主要特征，然后围绕问题的关键矛盾点来组织设计形式，最终使整个设计的相关内容完整的串联起来，形成清晰的设计脉络和活泼的表达内容。经过多年的理论和实践经验总结，我们发现园林景观快题设计的提升是需要大量的时间积累的，但也存在很多的技巧和方法，对快题考试的成功之道总结为以下几点：

（1）已有专业知识的有机整合

一个设计方案是否能实施的基本条件是必须要符合常规要求，考生就必须要了解最基本的行业规范中的专业知识，同时一些生活常识和已有的专业知识结构也可以在一定程度上帮助考生进行判断、推理，常识也能用来创造性地解决问题，以免方案一开始就与实际出现较大的偏差。因此，我们应该将所学的规划和室内外环境的相关知识进行有机的整合才能使方案遵循规矩，避免破绽百出。

（2）提纲挈领的分析与表达

方案设计前期对现有场地的分析是形成方案的基础，设计者在构思过程中通过草图的修改来进行创意和深入，在不同的设计阶段我们要解决不同的问题，在分析和表达思路与想法时要抓住现阶段的主要矛盾，并将其梳理清楚，通过有效的草图方式来表达活跃的思维才能推动方案的稳步发展，因此设计者在平时的训练中就应形成良好的草图习惯，避免杂乱无章的草图，并做到一目了然和应重点突出，在分析与表达中提纲挈领。

（3）水乳交融的构思与设计过程

设计过程中每个阶段都可以有若干种选择和倾向，设计是没有统一的标准和答案的，因此设计师既不能天马行空，也不能犹豫不决，无法做出判断和选择。在进行总平面布局的方案构思时，设计者的思维很容易进入混乱状态，也有可能手上功夫无法将设计思维进行很好的表达，如果应试者设计构思与设计过程如行云流水，就能让草图与头脑中的意象相互激发、交互促进。

（4）形神兼备的元素与组合

为了让图纸上的内容切实可行、赏心悦目，形成形神兼备的平面布局，设计者应该在平时的练习和资料收集中掌握各种常见的平面布局和空间形态处理的手法，熟悉掌握各种景观元素的功能、形式特点和组合方式，恰当地选择基本模块来组成合理的组合方式，并通过场地环境进行局部调整和组合，从而形成有机的整体。

（5）内外兼修的表现与展示

园林景观快题考试的成果内容一般包括以下内容：总平面图、立面图、透视图、鸟瞰图、必要的分析图和文字说明等，其中总平面图、鸟瞰图或重要节点的透视图在一般考试中都是必须要求的内容，所以要求应试者不仅要有较好的创意理念和设计构图外，而且要有好的表现手法与展示形式。除此之外，图面的设计说明和图例标注等内容也应该字迹工整、条理清晰，园林景观快题设计的所有成果内容最终要在一张或两张图纸上集中展示，每张图和文字说明要力求完整并注意排版时的整体效果，因此要求考生具备内外兼修的基本素质。

总的来说，设计没有唯一的答案和标准，在设计的不同阶段都将面临各种选择，在考试紧张的气氛中，对大部分考生来说，因为任务繁重又时间紧张，在短时间内拿出一个非常有创意的完善方案是有难度的，所以相对保险的做法是以自己平时习惯和擅长的方式来开展设计，在确保方案稳妥的基础上，能力强的同学可以适当地追求创新，这完全取决于应试者对自身掌控能力的把握和经验的积累，毕竟园林景观快题考试的重点在考查应试者的基本素质，取得好的考试成绩，因此稳健的方案比新奇的方案更能赢得普遍的认可，在接下来的内容和章节中我们将详细介绍如何取得较好的方案效果。

# 第 7 章　园林景观快题设计案例评析

## 7.1 公交站台快题设计

如图 7.1 所示，该快题是湖南城市学院 3+2 入学考试手绘考试的练习内容，题目为景观建筑中的公用设施设计，要求在 3 个小时内完成物体形态和三视图的绘制，图面构图清晰，内容布置得当，主题突出明确，但在设计表达和公交站台的形态创意上缺乏一定的创新意识，在用色上也不够大胆和突出，需要进一步加强。

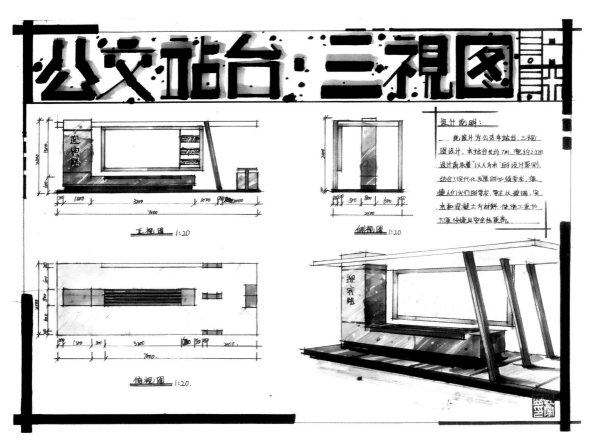

图 7.1 公交站台快题设计　作者：邹家盛

## 7.2 滨水广场景观快题设计

如图 7.2 所示，该快题是湖南城市学院 3+2 入学考试手绘考试的练习内容，题目为滨水广场景观设计，要求在 3 个小时内完成平面图、透视效果图、立面图和设计说明以及相关说明图样的绘制，该同学图面构图主题清晰，内容布置得当，虽然在透视和细节的体现上还有一些问题，但在色彩的运用上达到了较好的渲染力和艺术特色，让整个画面的表现力倍增，具有很强的视觉冲击力，注意要提升的地方是文字部分的工整性，而且快题设计题头字体里的褐色如果换成蓝色会让图面的色彩更加明快。

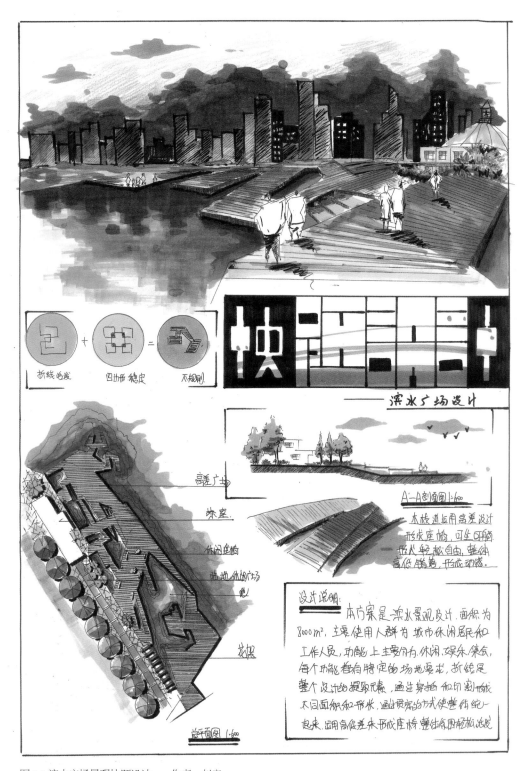

图7.2 滨水广场景观快题设计　　作者：赵章

## 7.3 别墅庭院景观快题设计

如图 7.3 所示，该快题是学生平时上快题设计课堂综合练习的内容，题目为别墅庭院景观设计，要求在 6 个小时内完成平面图、透视效果图、立面图和设计说明的绘制，该同学主题突出，在版面设计上将设计主题进行了一定的展示和融入，虽然剖面图在图面中所占比例有点过大，透视效果图占的比重过轻，但整体图面内容表达清晰明快，尤其是色调对比明确又统一，细节表现到位，让整个画面具有很强的视觉冲击力，注意要提升的地方是设计说明内容过少，图面中对设计构思的来源和演变缺少相关的分析和介绍。

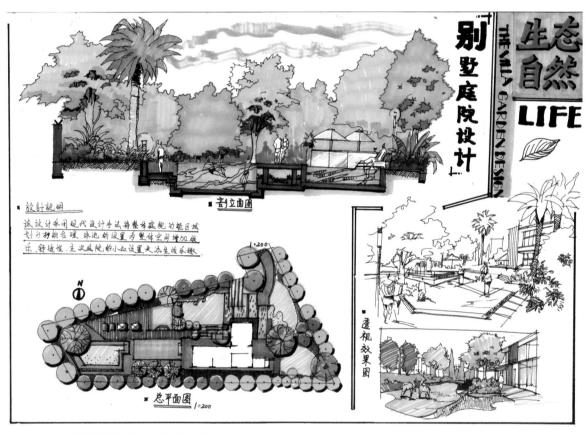

图 7.3 别墅庭院景观快题设计　　作者：赵章

## 7.4 售楼部周边环境景观快题设计

如图 7.4 所示，该快题是学生平时上快题设计课堂综合练习的内容，题目为售楼部周边环境景观设计，要求在 6 个小时内完成平面图、透视效果图、立面图和设计说明的绘制，该同学图面构图主题清晰，内容布置得当，将设计的概念和过程进行了一定的分析，表现手法比较灵活，色彩的运用上达到了较好的渲染力和艺术特色，注意要提升的地方是文字部分的工整性和标注的准确性，在细节的表达上需要更加谨慎和认真。

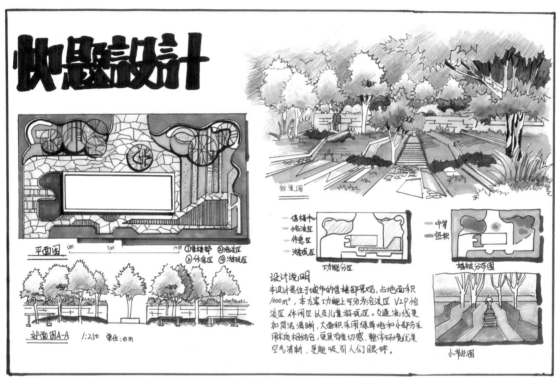

图 7.4 售楼部周边环境景观快题设计　　作者：张媛

## 7.5 街头绿地景观快题设计

如图 7.5 所示，该快题是学生平时上快题设计课堂综合练习的内容，题目为街头绿地景观设计，要求在 6 个小时内完成平面图、透视效果图、立面图和设计说明的绘制，该同学图面构图主题清晰，各个图纸大小布置得当，并将设计的过程进行了一定的分析展示，色彩明快，属于比较中规中矩的设计快题，唯一的不足之处是和要提升的地方是文字写得不够美观，题头"快题设计"几个字字号有点小，图面版头有点拥挤。

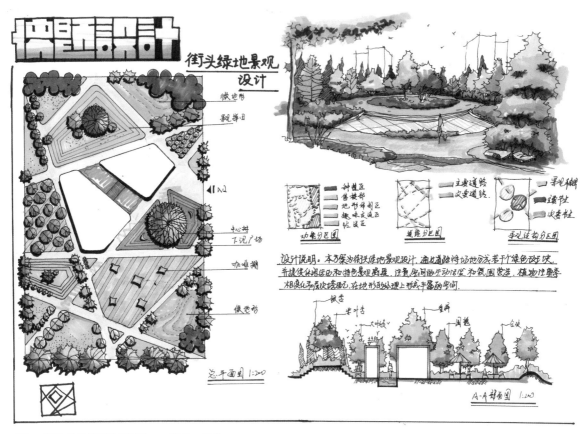

图 7.5 街头绿地景观快题设计　　作者：赵章

## 7.6 城市广场景观快题设计

如图 7.6 所示，该快题是学生平时上快题设计课堂综合练习的内容，要求在 6 个小时内完成平面图、透视效果图、立面图和设计说明的绘制，该同学图面设计主题清晰，各个图纸大小布置得当，并将设计分析图进行了简单明了的表达，不足之处是题头部分过于拥挤，没有留出足够的空间，平面图的色彩有些过暗，不够清新明快，使得整个画面有点颜色偏焦。

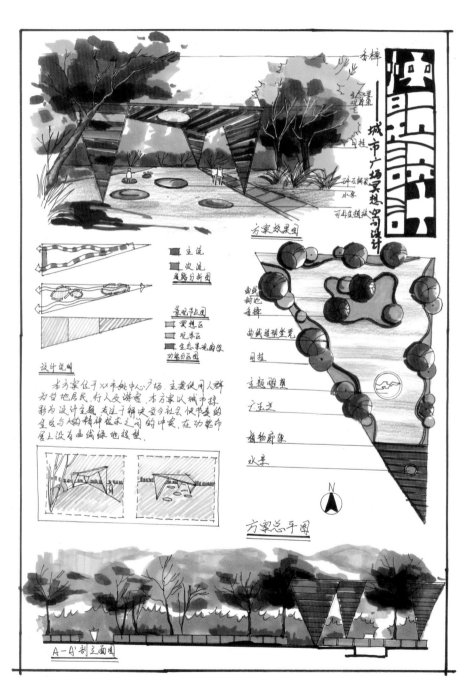

图 7.6 城市广场景观快题设计　　作者：解硕

## 7.7 理发店快题设计

如图 7.7 所示，该快题是湖南城市学院 3+2 入学考试手绘考试的练习内容，要求在 3 个小时内完成平面图、透视效果图、立面图和设计说明以及相关说明图样的绘制，该同学图面构图主题清晰，内容布置得当，虽然在透视和细节的体现上还不够准确，但在色彩的运用上达到了较好的渲染力和艺术特色，注意要提升的地方是整个画面的上半部分内容之间有些拥挤和偏右，使得画面整个有些不够明了，但整个画面的色彩和表现手法值得大家借鉴。

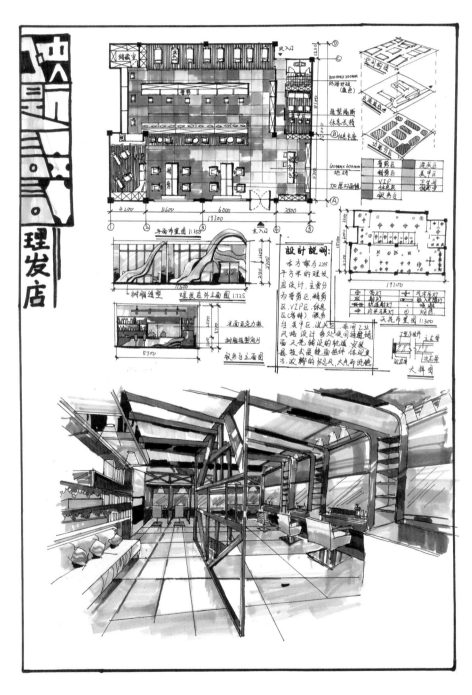

图 7.7 理发店快题设计　　作者：赵章

## 7.8 艺术家工作室快题设计

　　如图 7.8 所示，该快题是湖南城市学院 3+2 入学考试手绘考试的练习内容，要求在 3 个小时内完成平面图、透视效果图、立面图和设计说明以及相关说明图样的绘制，该同学图面构图主题清晰，内容布置得当，在设计表现上利用了一些艺术处理手法将设计理念表达清晰，整个用灰色调和留白的方式形成一种艺术表现力，值得注意的是整个图面的文字部分不够工整，经济技术指标最好用表格的方式，将内容表达得更清晰，整个画面的色彩和表现手法值得大家借鉴。

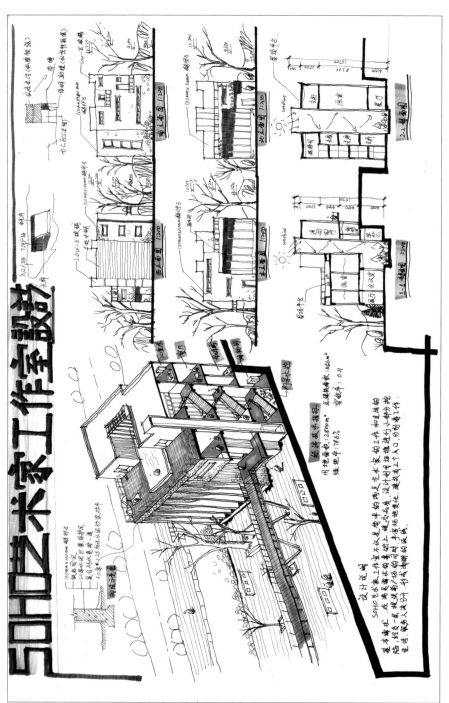

图 7.8 艺术家工作室快题设计　　作者：赵章

## 7.9 别墅快题设计

如图 7.9 所示，该快题是平时上课学生手绘练习的内容，要求在 3 个小时内完成平面图、透视效果图、立面图和设计说明以及相关说明图样的绘制，该同学图面构图主题清晰，内容布置得当，在设计表现上利用了一些艺术处理手法将设计理念表达清晰，运用了逆光的方式体现整个色彩明暗，有较强的视觉冲击力，需要改进的是整个图面缺少必要的文字部分进行说明，内容表达不够完整和多样化，但整个画面的色彩和表现手法值得大家借鉴。

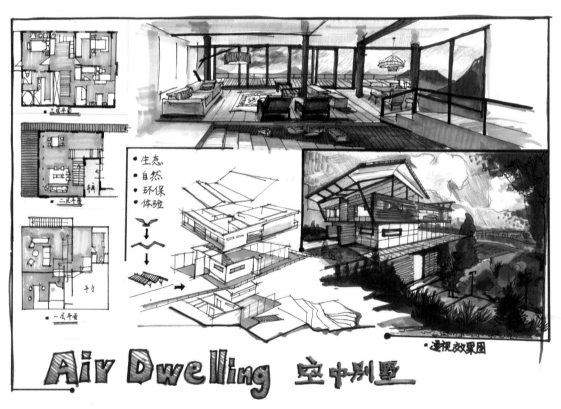

图 7.9 别墅快题设计　　作者：赵章

其他优秀的快题设计作品，如图 7.10 至图 7.13 所示。

图 7.10 景观小品快题设计　　作者：邹家盛

图 7.11 景观小品——公共空间景观灯快题设计　　作者：邹家盛

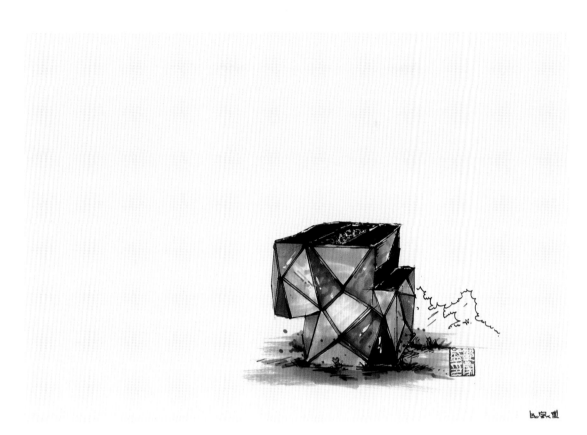

图 7.12 景观小品——公共空间垃圾桶快题设计　　作者：邹家盛

图 7.13 公共空间座椅设计　　作者：邹家盛

# 第 8 章　快题真题

## 8.1 重点院校考研快题真题

### 8.1.1 湖南师范大学美术学院考研快题真题

（1）2013 年硕士研究生入学考试专业快题

①考试时间：3 小时

②纸张大小：A3

③考试题目：设计服务社会、关爱失智老人

题目内容：依据设计服务社会的宗旨，以《关爱失智老人》为主题进行创作，各个专业以此为内容进行构思与设计，自行构图。

④考试要求：

室内设计方向：对老人公寓的洗手间进行设计，要求绘制平面、立面详图及效果图，包含分析图解、主要节点剖面及 100 字以内的设计说明，比例自定。

景观设计方向：围绕该主题做老年活动社区的景观，基地面积为东西 200m，南北 180m，北面为老年人活动中心，西面临湖，东面为住宅区，建筑与基地间均有 4 车道的马路，南面为围墙，西南角有约 100 平方米的方形杉树林需保留，基地东西高差 3m，西低东高，要求绘制平立面详图及效果图草图，包括功能分区图、人流动向图、主要节点剖面图以及 100 字以内的设计说明，比例自定。

（2）2016 年硕士研究生入学考试专业快题

①考试时间：3 小时

②纸张大小：A3

③考试题目：知识就是力量

题目内容：以《知识就是力量》为创作主题，各个专业以此为内容展开构思与设计，并自行构图。

④考试要求：

室内设计方向：校园书吧设计，根据给出的平面图画出平面布置图。

要求：画出天花布置图、前台节点图、空间透视图，并附上大约 200 字的设计说明，比例自定。

景观设计方向：为书吧旁一个 24m×45m 的广场做设计，要求绘制平面图、剖面图、详图、效果图、交通流线、功能分区、景观节点图，附设计说明，比例自定。

### 8.1.2 湖南大学考研快题真题

（1）2010 年硕士研究生入学考试专业快题

①考试时间：3 小时

②纸张大小：A3

③绘图工具：水彩、水粉、马克笔任选

④ 题目内容：以"石"为主题，表现某文化公园入口的景观色彩表现图。

⑤ 要求：要求结合平面图、立面示意图，自拟定场所环境条件。

（2）2015 年硕士研究生入学考试专业快题

①考试时间：3 小时

②题目内容：某地区地铁站入口外观设计

③要求：画出相关空间的具体设计图，要求图文并茂，附上设计说明，题目自拟。

（3）2016 年硕士研究生入学考试专业快题。

①考试时间：3 小时

②纸张大小：A3

③题目内容：一个乡镇老年活动中心的设计

④要求：画出相关空间的具体设计图，要求图文并茂，附上设计说明，题目自拟。

## 8.2 其他快题题目

### 8.2.1 海滨区街区景观设计

（1）项目概况

该区域位于海滨商业区与居住区之间，北临大海，西北方为居住区，东北方为商业区，地势平坦。

（2）设计要求

①考虑周边的环境，充分利用周围的景观，合理地设置景观区域。

②考虑场地与周边建筑的关系，合理地规划出入口和人流的路线。

③充分考虑硬质景观的铺装变化。

④设计功能满足日常生活和休闲的公共景观需求。

（3）图纸要求

①平面图一张，剖面图两张，比例自定。

②景观分析图、道路交通分析各一张。

③总体鸟瞰图一张，人视图若干，表达设计意图即可。

④设计说明不少于 200 字。

### 8.2.2 城市公共空间绿地设计

（1）项目概况

该景观设计内容为图书馆的前部空间设计，地形西低东高，西边为城市主要道路，有公交站，南部与东部有次要道路。

（2）设计要求

①功能合理，满足公共活动的使用需求。

②考虑地形的高差与交通的联系。

③注意与现状建筑出入口的处理。

④充分考虑人的活动空间尺度。

⑤考虑多样化的硬质铺装。

（3）图纸要求

①表现方法不限，平面图、节点图、剖面图等，具体张数不限，以表达清楚为准，比例自定。

②总体鸟瞰图一张，人视图若干，表达设计意图即可。

③设计说明不少于 200 字。

## 8.3 湖南省技能抽查快题题⑧

### 8.3.1 湖南省高等职业院校环境艺术设计专业技能抽查题库

#### 景观设计模块手绘效果图项目考核试题

**注意事项**

1. 禁止携带和使用移动存储设备、通信工具及参考资料。

2. 请根据考点所提供的考试环境，检查所列的绘图场地、绘图工具、绘图材料准备是否齐全，教学设备是否能正常使用。

3. 请被测试者仔细阅读考试试卷，按照试卷要求完成各项操作。

4. 绘图过程中，应保护好相关图纸。

5. 技能抽查考试完成后，禁止将考试所用的所有物品（包括试卷和草稿纸）带离考场。

6. 测试时间：180 分钟。

一、**题号**：3-1-6

二、**题目名称**：托斯卡纳独栋别墅庭院景观设计

三、**背景描述**

某景观设计公司承接了一个托斯卡纳独栋别墅庭院景观设计项目，托斯卡纳项目位于位于湘府路与万家丽大道交接处的西北侧，是一个纯意大利地中海式建筑别墅社区。本案总面积约 600m²，其中别墅占地面积约 340m²，庭院占地面积约 260m²，设计区域为红线面积约 130m²，周边环境详见图 8-1。

四、**测试内容**

现公司委派你针对该项目指定的设计区域，为客户提供手绘设计方案，并写出客户沟通提纲和设

计说明。设计成果提交内容包含：①平面布局图；②效果图；③设计说明；④客户沟通提纲。并将题目名称与提交内容①②③完整、美观地统一编排在 1 张 A3 绘图纸上，提交内容④写在 1 张 A4 复印纸上。

### 五、测试要求

1. 根据给定的背景描述资料，以雕塑小品、叠水景墙等为设计主体，自定设计主题，设计风格应与环境和建筑风格相协调，反映时代特点；方案符合其特定使用对象的功能和审美要求；功能合理，空间层次丰富，具有良好的视觉效果，交通组织清晰流畅；整体构思具有可行性和一定的独创性。

2. 能够正确地使用手绘工具，自行选择一种透视方式（一点透视或两点透视），要求透视准确、色彩搭配合理、材料质感表达清楚、主体突出。并在手绘效果图上注明所使用的主要材料和工艺说明，设计图纸应采用适当比例绘制。

3. 掌握与客户交流的基本方法，根据客户的基本信息，设置客户交流的主要内容，拟定客户沟通提纲，字数不少于 80 字。

4. 设计说明的主要内容包括设计理念及设计原则、整体布局构思、各局部设计等详细说明，字数不少于 100 字。

5. A3 绘图纸和 A4 复印纸的右下角须填写模块号、项目号、工位号、考生编号，应仔细检查，认真核对。

6. 保持工作台面的清洁，体现良好的工作习惯，对图纸进行精心爱护，图纸归位前进行保护性包装，避免图纸的丢失，使用完工具后及时整理归位等。

### 六、测试方式：手绘表现。

### 七、测试时间：180 分钟。

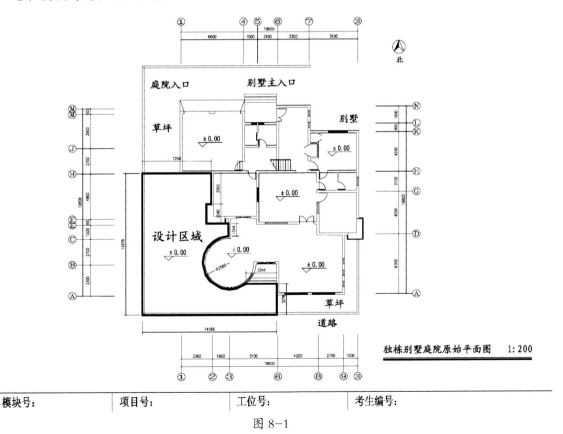

独栋别墅庭院原始平面图　1 : 200

| 模块号： | 项目号： | 工位号： | 考生编号： |
| --- | --- | --- | --- |

图 8-1

### 8.3.2 湖南省高等职业院校环境艺术设计专业技能抽查题库

#### 景观设计模块手绘效果图项目考核试题

**注意事项**

1. 禁止携带和使用移动存储设备、通信工具及参考资料。

2. 请根据考点所提供的考试环境，检查所列的绘图场地、绘图工具、绘图材料准备是否齐全，教学设备是否能正常使用。

3. 请被测试者仔细阅读考试试卷，按照试卷要求完成各项操作。

4. 绘图过程中，应保护好相关图纸。

5. 技能抽查考试完成后，禁止将考试所用的所有物品（包括试卷和草稿纸）带离考场。

6. 测试时间：180 分钟。

**一、题号：** 3-1-47

**二、题目名称：** 株洲市依依商业街（儿童服装段）景观设计

**三、背景描述**

某景观设计公司承接了一个商业街景观设计项目。株洲市依依商业街是以各类型服装商铺为主体，辅以购物、餐饮为一体的综合商业区，该项目位处株洲市依依商业街儿童服装段，该项目总面积约1109m²，其中商铺占地面积约362m²，公共区域占地面积约237m²，设计区域为红线面积约510m²，周边环境详见图 8-2。

**四、测试内容**

现公司委派你针对该项目指定的设计区域，为客户提供手绘设计方案，并写出客户沟通提纲和设计说明。设计成果提交内容包含：①平面布局图；②效果图；③设计说明；④客户沟通提纲。并将题目名称与提交内容①②③完整、美观地统一编排在 1 张 A3 绘图纸上，提交内容④写在 1 张 A4 复印纸上。

**五、测试要求**

1. 根据给定的背景描述资料，自行确定一个设计主题和主要景观要素，设计风格应与环境和建筑风格相协调，反映时代特点；方案符合其特定使用对象的功能和审美要求；功能合理，空间层次丰富，具有良好的视觉效果，交通组织清晰流畅；整体构思具有可行性和一定的独创性。

2. 能够正确地使用手绘工具，自行选择一种透视方式（一点透视或两点透视），要求透视准确、色彩搭配合理、材料质感表达清楚、主体突出。并在手绘效果图上注明所使用的主要材料和工艺说明，设计图纸应采用适当比例绘制。

3. 熟知常用植物，掌握其生理习性和观赏特点，能合理配植各种植物从而达成多样的景观效果。

4. 掌握与客户交流的基本方法，根据客户的基本信息，设置与客户交流的主要内容，拟定客户沟通提纲，字数不少于 80 字。

5. 设计说明的主要内容包括设计理念及设计原则、整体布局构思、各局部设计等详细说明，字数不少于 100 字。

6. A3 绘图纸和 A4 复印纸的右下角须填写模块号、项目号、工位号、考生编号，应仔细检查，认

真核对。

7. 保持工作台面的清洁，体现良好的工作习惯，对图纸进行精心爱护，图纸归位前进行保护性包装，避免图纸的丢失，使用完工具后及时整理归位等。

**六、测试方式**：手绘表现。

**七、测试时间**：180 分钟。

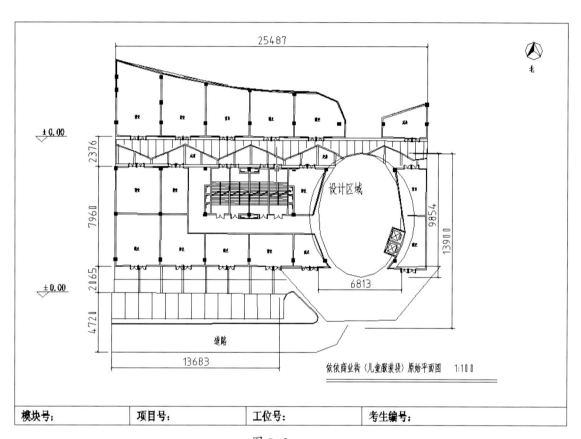

图 8-2

# 附　录

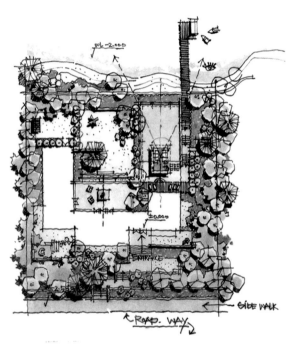

别墅景观平面图

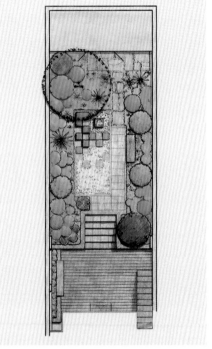

别墅景观平面图

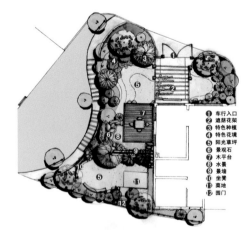

别墅景观平面图（作者：张玲）

❶ 车行入口
❷ 遮阴花架
❸ 特色种植
❹ 特色花境
❺ 阳光草坪
❻ 景观石
❼ 木平台
❽ 水景
❾ 景墙
❿ 坐凳
⓫ 菜地
⓬ 园门

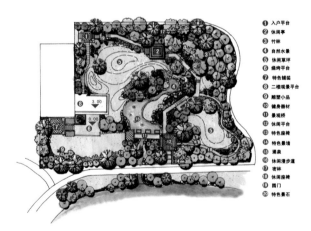

别墅景观平面图（作者：张玲）

❶ 入户平台
❷ 休闲亭
❸ 竹林
❹ 自然水景
❺ 休闲草坪
❻ 烧烤平台
❼ 特色铺装
❽ 二楼观景平台
❾ 雕塑小品
❿ 健身器材
⓫ 景观桥
⓬ 休闲平台
⓭ 特色座椅
⓮ 特色景墙
⓯ 喷泉
⓰ 休闲漫步道
⓱ 密林
⓲ 休闲座椅
⓳ 园门
⓴ 特色景石

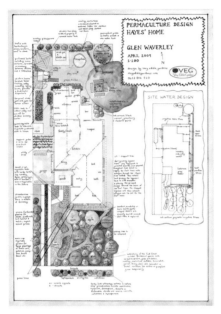

别墅景观平面图

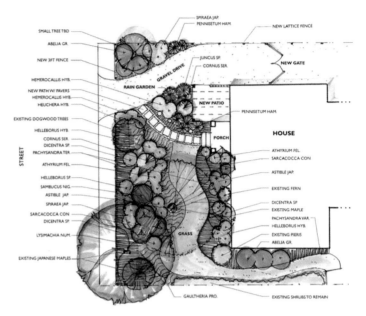

别墅景观平面图

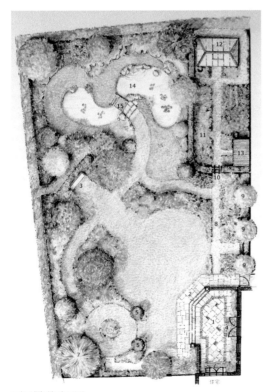

别墅景观平面图

别墅景观平面图（作者：张玲）

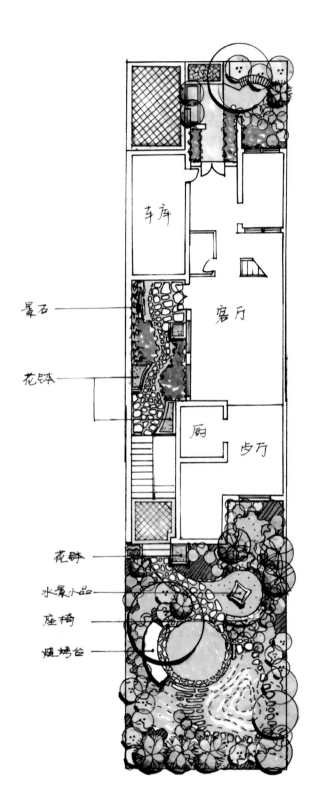

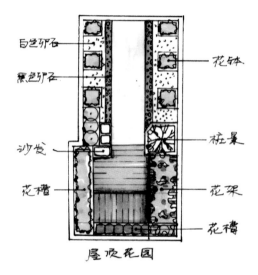

景石

花钵

白色卵石

黑色卵石

沙发

花槽

花钵

花钵

桩景

花架

花槽

屋顶花园

花钵

水景小品

座椅

烧烤台

别墅景观平面图

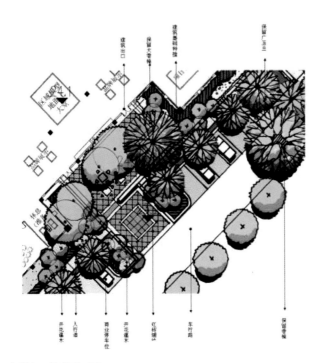

会所入口景观平面图

别墅庭院效果图

公园入口效果图

别墅庭院效果图

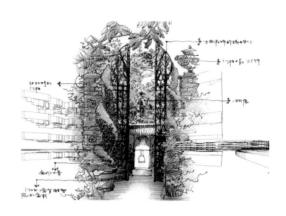

别墅庭院效果图

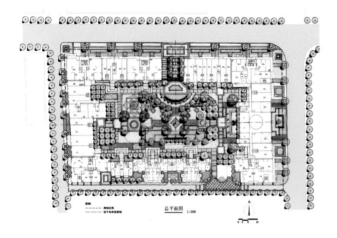

居住区景观设计平面图

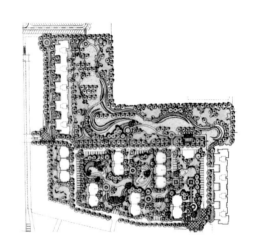

居住区景观设计平面图

滨河居住区入口景观设计平面图

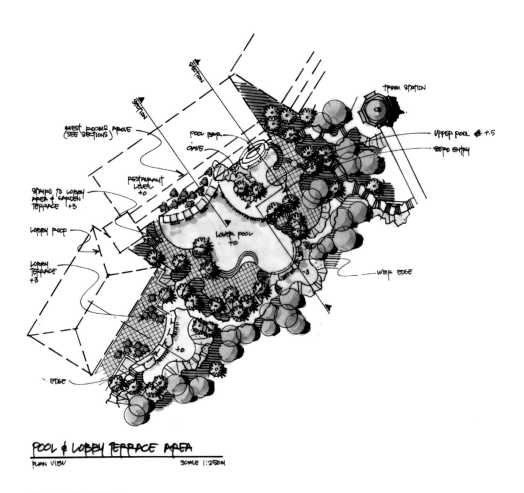

酒店庭院景观平面图

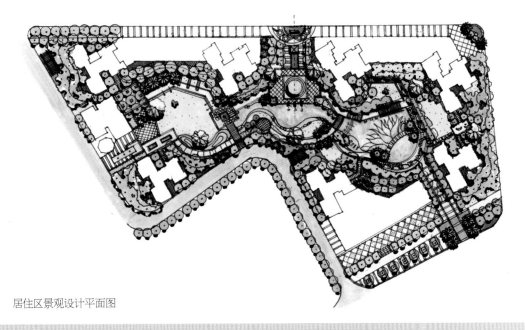

居住区景观设计平面图

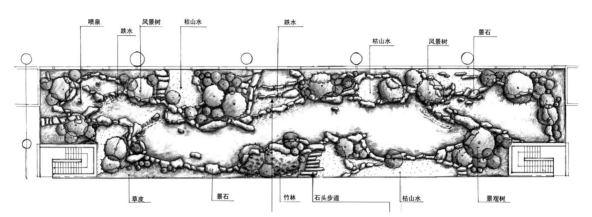

内庭景观设计平面图（作者：张玲）

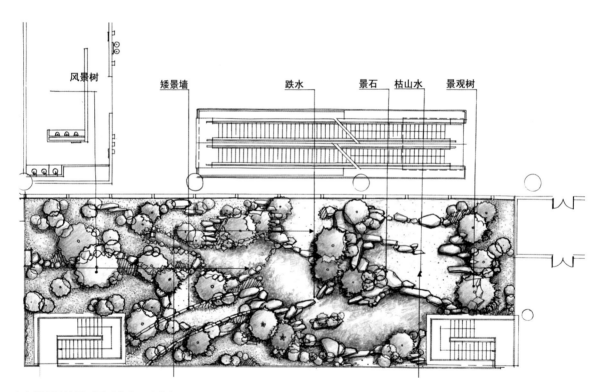

内庭景观设计平面图（作者：张玲）

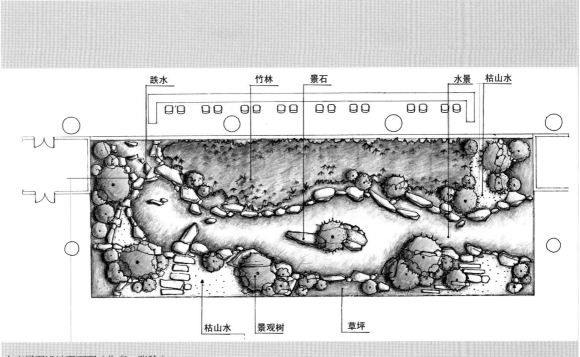

跌水　　竹林　景石　　水景　枯山水

枯山水　　景观树　　草坪

内庭景观设计平面图（作者：张玲）

内庭景观设计效果图（作者：张玲）

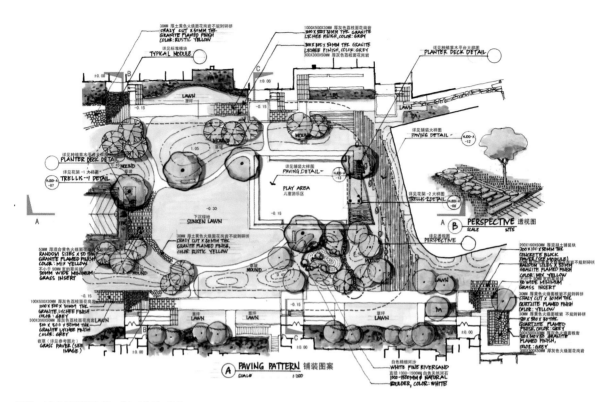

居住区宅间绿地景观深化设计平面图

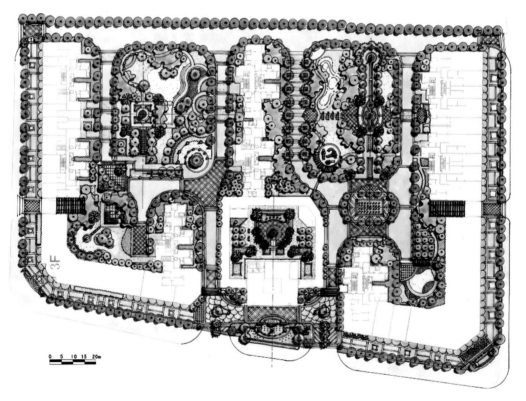

居住区景观设计平面图

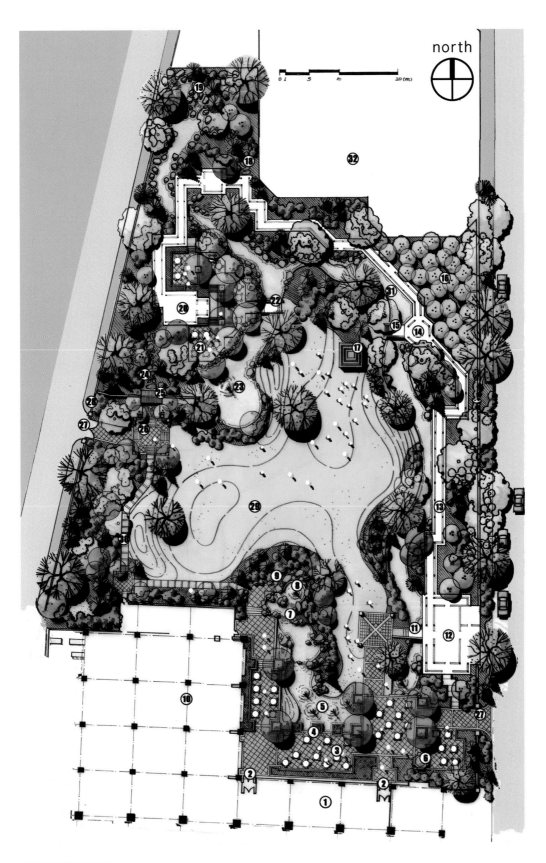

内庭院景观平面图

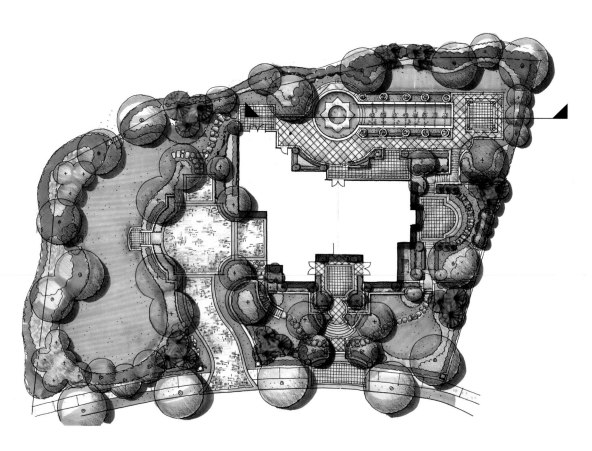

欧式别墅景观平面图

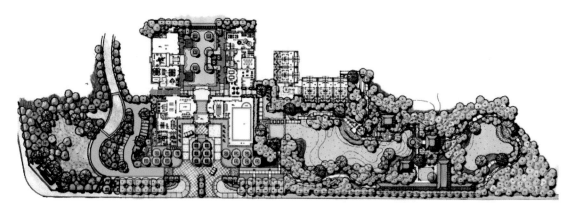

售楼部景观平面图

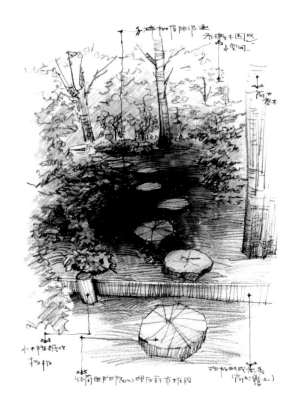

休闲公园景观效果图

休闲公园景观效果图

**M-M''步行桥立面**

0 2 4  8   12m

立面图

内庭景观设计效果图（作者：张玲）

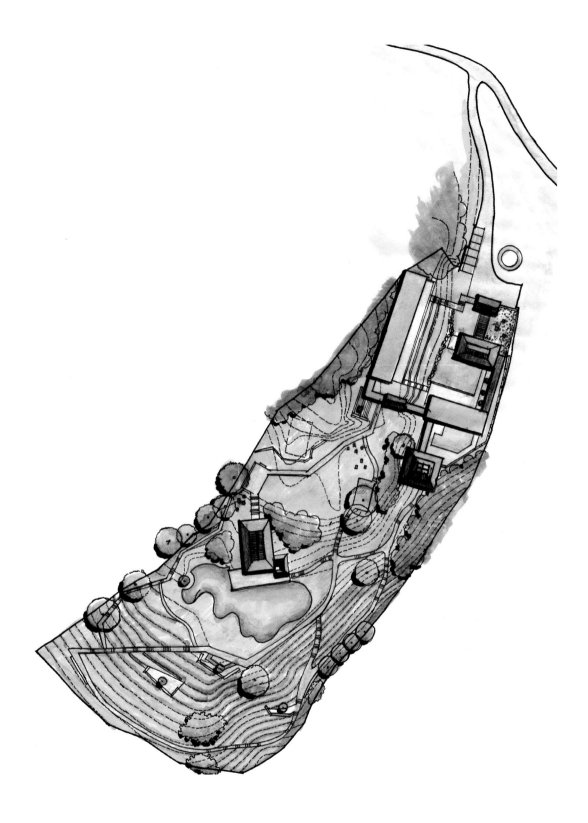

文化体验活动中心景观规划方案平面图（作者：张玲）

**参考文献**

[1] 韦爽真.园林景观快题设计 [M].北京：中国建筑工业出版社，2008.

[2] 张汉平.设计与表达——麦克笔效果图表现技法 [M].北京：中国计划出版社，2016.

[3] 江滨.环境艺术设计快题与表现 [M].北京：中国建筑工业出版社，2005.

[4] 白小羽，关午军.快速景观设计考试指导 [M].北京：中国建筑工业出版社，2007.

[5] 过伟敏.快速环境艺术设计 60 例 [M].南京：江苏科学技术出版社，2007.

[6] 陈骥乐，贾雨佳，张艳瑾.麦克手绘 [M].北京：人民邮电出版社，2016.

[7] 陈红卫.陈红卫手绘表现技法 [M].上海：东华大学出版社，2013.

[8] 徐振，韩凌云.风景园林快题设计与表现 [M].沈阳：辽宁科学技术出版社，2009.

[9] 刘谯，韩巍.景观快题设计方法与表现 [M].上海：机械工业出版社，2013.

[10] 张迎霞，林东栋.考研快题系列·景观快题方案：设计方法与评析 [M].沈阳：辽宁科学技术出版社，2011.

[11] 徐志伟，李国胜，栾春凤.景观快题设计方法与实例（园林景观艺术设计精品教程）[M].南京：江苏科学技术出版社，2017.

[12] 刘红.园林景观设计实例教程 [M].沈阳：辽宁美术出版社，2017.

网络资源：

网易园林、建筑 abbs、北林的 LD 艺术论坛、土人的网站、景观天下、手绘 100、筑龙网、中国风景园林网、园林学习网

重点推荐 abbs 的学生广场和北林 ld 艺术论坛的考研加油站和个人作品板块